让孩子听话的
心理学

舒童◎著

天津出版传媒集团

天津人民出版社

图书在版编目（CIP）数据

让孩子听话的心理学 / 舒童著 . —天津：天津人民出版
社，2022.3
ISBN 978-7-201-18181-3

Ⅰ . ①让… Ⅱ . ①舒… Ⅲ . ①儿童心理学—通俗读
物 Ⅳ . ① B844.1-49

中国版本图书馆 CIP 数据核字（2022）第 010460 号

让孩子听话的心理学
RANG HAIZI TINGHUA DE XINLIXUE

出 版	天津人民出版社	
出 版 人	刘 庆	
地 址	天津市和平区西康路 35 号康岳大厦	
邮政编码	300051	
邮购电话	（022）23332469	
网 址	http://www.tjrmcbs.com	
电子信箱	reader@tjrmcbs.com	
责任编辑	郭晓雪	
装帧设计	张文艺	
印 刷	天津市新科印刷有限公司	
经 销	新华书店	
开 本	710 毫米 ×1000 毫米 1/16	
印 张	16	
字 数	210 千字	
版次印次	2022 年 5 月第 1 版 2022 年 5 月第 1 次印刷	
定 价	49.80 元	

前　言

　　人们常用"孩子的脸，六月的天"来形容孩子情绪的多变和难测。实际上，孩子的情绪难测，是因为他们的心理变化规律常常无法被大人所掌握——孩子的心不仅隔着他们的小肚皮，还隔着他们往往言不由衷、词不达意的言语，纯真无邪、与成人迥异的稚嫩思想以及他们相对狭窄的生活范围。这一切，使得孩子的心仿佛被蒙上了一层面纱一般，让人难懂又难猜。

　　然而，孩子的心理又是父母不得不了解的。很多教育界名人都呼吁："教育者应当深刻了解正在成长的人的心灵。"了解孩子的心理，一方面能让父母知晓孩子当下的需求；另一方面，能洞察孩子的心理是否朝着健康、健全的方向发展。对于一个人来说，童年的经历对其一生都会具有"蝴蝶效应"，也就是说，童年时期的每一种心理感受，都有可能影响人一生。在这期间，如果孩子的优秀品质得到强化，可能他的一生都会拥有这种宝贵的品质；如果孩子的劣势心理和负面情绪不能得到化解和改善，就有可能成为孩子性情中不可改变的一部分。因此，在家庭教育中，父母不可不重视儿童的心理活动。

　　我们都知道，人的心理会通过一系列外在活动表现出来，思想单纯的孩子往往表现得更为直接一些，但也更加混乱一些。他们的行为经常让大人摸不清门道。比如，原本听话的乖宝宝，突然变成了专门跟妈妈对着干的"拧巴人儿"；总是和妈妈亲密无间的女儿，突然有了自己的"小秘密"；纯真无邪的孩子，不知从什么时候开始学会了撒谎；活泼爱笑的他，发起脾气来毫不收敛，如一头横冲直撞的小牛；上了学之后，孩子那股聪明劲儿不知哪去了，怎么都学不好……孩子在成长过程中，会出现无数的大人无法理解的行为，但又都与孩子的年龄，以及最近的心情、想法有些许联系……

为了不让父母在猜测孩子心理的路上迷茫、困惑、无助，我们编撰了这本介绍儿童心理的书，旨在为希望了解孩子心理的父母提供一些解答和指导。这本书从生活的方方面面取材，介绍了孩子在成长过程中常见的一些心理特征及行为表现，让父母能够从孩子的话中听出他的心理、从孩子的行为中看出他的心理；同时教会父母如何在掌握孩子心理之后，引导其向更健康、更优秀的方向发展。

书中介绍了大量儿童心理学的理论知识，寓深刻于浅显，让所有的父母都能够一看即懂，一读就会用。另外，本书精选了大量的名人逸事、真实生活事例，用以参考。汇聚种种，本书的目的只有一个——让所有的父母更了解自己的孩子，更轻松地培养出一个优秀的孩子；让所有的亲子关系更加融洽，家庭氛围更加美满。

目 录

◎ 第一章

宝贝心思知多少——爱他要先了解他

1. 了解孩子性格类型，量身打造教育方案 / 002

2. 童年时期必经的那些心理体验 / 005

3. 父母不可不知的 3 ~ 12 岁"水泥期" / 009

4. "反抗期"到了，需要"压迫"吗 / 012

5. 你了解孩子的心理需要吗 / 015

◎ 第二章

打造优质环境，培养一个优秀小孩

1. 家庭环境是塑造孩子心理的大魔术师 / 020

2. 父母的今天，就是孩子的明天 / 023

3. 强势父母背后的"无个性"孩子 / 026

4. "三高家庭"阻碍孩子心理发育 / 029

5. 家庭战火，"劫后余生"的孩子不好过 / 032

6. 抚平"单飞"给孩子带来的伤痛 / 035

7. 让孩子学会适应，轻松搞定各种处境 / 039

◎ 第三章

雕塑品格，给孩子打好心理底子

1. 一定要培养出受益一生的自信 / 044

2. 让孩子有主宰自我的能力 / 047

3. 给孩子一副勇于承担的肩膀 / 050

4. 给孩子一支"避雷针"，教他疏导坏情绪 / 053

5. 培育一个专心做事的小孩 / 056

6. 乐观是孩子必须掌握的能力 / 059

7. 谦虚是孩子必须具备的良好品质 / 062

8. 教孩子拥有好人缘，让他快乐一生 / 065

9. 诚信——孩子一生受用的品质 / 068

◎ 第四章

拨开怪异行为的迷雾，认清孩子的心理本质

1. 撕书、拆玩具——破坏并非孩子本意 / 074

2. 虐待小动物的孩子心里有一颗定时炸弹 / 077

3. "匹诺曹"附身——孩子为什么要说谎 / 080

4. 和妈妈对着干——孩子陷入了"禁果效应" / 083

5. 有恋物情结——孩子需要情感寄托 / 086

6. 沉默不是金——孩子或有社交恐惧症 / 089

7. 小小"人来疯"——背后心思知多少 / 092

8. 戒不掉撒娇——孩子的真实目的何在 / 095

◎ 第五章

言为心声，聪明父母这样听孩子说话

1. "只能我自己吃"——孩子的占有欲在作祟 / 100

2. "妈妈，我给你讲故事"——孩子有沟通的渴望 / 103

3. "我就不原谅他"——孩子心胸过于狭窄 / 106

4. "山区的小朋友真可怜"——激发孩子的同理心 / 109

5. "妈妈我不让你走"——警惕儿童分离性焦虑 / 112

6. "你只能夸我一个人"——极具破坏力的嫉妒心理 / 115

7. "我的功劳最大"——缺乏团队意识的孩子不受欢迎 / 118

8. "他长得太丑了"——以貌取人是必须改变的价值观 / 121

9. "我不好意思说不"——不会拒绝的人生最累 / 125

◎ 第六章

踢开心灵绊脚石，排除孩子成长的心理障碍

1. 孩子请走出来，角落不是你的天堂 / 130

2. 缺乏热情，孩子难有美好的未来 / 133

3. 爱哭的孩子，眼泪不是你的武器 / 136

4. 有礼貌才能成为有素养的人 / 139

5. 优柔寡断让孩子远离成功 / 142

6. 让怕黑的孩子爱上夜晚 / 145

7. 强化定律让孩子形成勤奋的好习惯 / 149

8. 没有规矩，不成方圆 / 152

◎ 第七章

坚守尊重原则，给孩子一碗温暖的心灵鸡汤

1. 温和的话语似春风，吹开孩子的心房 / 158

2. 蹲下来跟孩子交流，做孩子的"自己人" / 161

3. 对孩子放手，给他百分百的信任 / 164

4. 父母统一言行，给孩子明晰的概念 / 167

5. 孩子的人生，交给他自己做选择 / 171

6. 转个弯，让孩子接受自己的看法 / 174

7. 孩子也有隐私，需用心呵护 / 177

8. "南风法则"，惩罚他不如宽容他 / 180

◎ 第八章

因势利导，让孩子打心眼儿里爱上学习

1. 用"椰壳效应"克服孩子的厌学心理 / 186

2. 培养孩子主动埋头学习的动机 / 189

3. 用积极的心理暗示给孩子的学习助力 / 192

4. 爱孩子应该胜过爱分数 / 196

5. "感官协同效应"助力孩子提高学习效率 / 199

6. 掌握遗忘曲线规律，让孩子"记忆犹新" / 202

7. "7±2效应"，巧妙的学习模式 / 206

8. 孩子学习出现"高原现象"，妈妈别赶鸭子上架 / 209

9. 倒U形假说，轻松将孩子的压力变动力 / 213

◎ 第九章

子不教，父母之过——不可不避的心理教育误区

1. 剥夺孩子独立权的爱是最盲目的爱 / 218

2. "零"挫折，孩子的人生可能"零"作为 / 221

3. 父母态度不一，孩子左右为难 / 224

4. 贬低孩子，当心他品尝"习得性无助"的恶果 / 227

5. 言语打击，当心扼杀孩子的小小梦想 / 230

6. 与"丑陋"隔绝，孩子只能生活在童话中 / 233

7. 不正当奖励，孩子的路会越走越歪 / 236

8. 超限效应，你的孩子听了太多相同的话语 / 240

第一章

宝贝心思知多少——
爱他要先了解他

什么样的父母才能称为最称职的父母？答案是最了解孩子的父母。孩子心里在想什么、需要什么、为什么喜欢和大人对着干，父母只有清楚地了解孩子这些心理，才能在教育孩子的道路上"畅行无阻"。哀叹"我的孩子一点儿都不听话""我和孩子之间有代沟"的父母，其实是对孩子的心理一无所知。所以，学习一点儿儿童心理学，对于父母教出好孩子、搞好和孩子的关系至关重要。

1. 了解孩子性格类型，量身打造教育方案

世界上尚无两片相同的叶子，当然也不会有两个完全相同的孩子。父母对孩子的教育，必须建立在对孩子心理的充分了解之上。就如中国近代教育家陈鹤琴所说："家庭教育必须根据儿童的心理始能行之得当。若不明儿童的心理而妄施以教育，那教育必定没有成效可言。"

每个孩子都有与生俱来的气质、个性，这些特性组合起来就是孩子的性格。性格不能简单地以好坏来区分，每种性格类型都有好的一面，也有不好的一面。对于父母来说，成功的教育就是强化孩子性格类型中好的一面，压制或者消除其中不好的一面。在这种"扬长避短"的努力之后，孩子的性格就会越来越完美。而性格在某种程度上又是决定命运的，因此，性格好的孩子，其人生际运也不会差到哪里去。

那么，父母怎样了解孩子的性格呢？从宝贝呱呱坠地的那天开始，他的性格就开始从睡姿、哭声等各种行为中表现出来；孩子稍稍长大，他的语言、爱好、活跃程度，也都在表现着他的内在特质。父母只要耐心解读孩子的行为、语言，就能了解孩子的性格，知道应该如何引导他健康成长。

在儿童心理学领域，划分性格类型的标准有很多种。下面介绍一种浅显易懂、能给父母更多指导的划分方法。

第一，好动型。好动型的孩子恰恰应了"动如脱兔"那句话，而几乎没有"静若处子"的时候。对于这样的孩子来说，"静止"是一种煎

熬，是对生命的浪费，只有动起来才能体现自己的价值。尽管他每天会累得筋疲力尽，但却乐此不疲。

好动型的孩子在小时候常常会让父母发狂，但长大后往往能给父母带来惊喜。这类孩子虽然顽皮，却也十分顽强，不管遇到多大的困难，都会勇往直前。在当今社会，很多优秀的领导者都是这种"精力充沛型"的人才。换句话说，一个人如果有似火的热情、永不放弃的精神，将来获得成功的可能性就会大很多。因此，无论这类孩子怎样让人"头痛"，父母都要保护他的这份热情，不要轻易打击、批评孩子，这会让他们感觉自己很差劲。并且，一味要求他们像别的孩子一样听话或乖巧，对孩子也是不公平的。对于这类孩子，父母要做的，就是尽量给他们一片"疯狂"的天地，让他们可以尽情释放自己；但也要给他们制定一套规则，一旦离了自己的小天地，就要适当收敛"疯狂"的本性，乖乖听话。

第二，安静型。这类孩子习惯站在人群的后面，喜欢安静，主动和人交际的意识弱一些。不过，这并不代表这类孩子一定是不自信的，他们只是适应陌生环境的速度慢一些，也就是俗称的"慢热型"。其实，对于这类孩子来说，他们往往能做个冷静的旁观者，可以发现常被外向性格的人所忽视的细节。很多专家都认为，容易害羞的孩子通常是个很好的倾听者，加上他们有更多的时间来思考，因此他们常常能听到别人"没有说出口的话"。如果需要训练这类孩子的交际能力，让他们走出封闭的"壳"，父母需要记住，不能强迫孩子与人交际，否则只会让他变得更加封闭。应多给他安排一些"一对一"形式的游戏，这能够让他们在心理上感受到安全和自在，不会有害怕的感觉。

第三，敏感型。如果说安静型的孩子"喜欢"安静，那么这一类型的孩子就是"依赖"安静。热闹的环境会让他们觉得不自在，他们胆小、不爱讲话，不太喜欢出头露面。他们的情感十分细腻，很容易受到外界的影响，比如受到表扬，他们会立刻变得很开心；一遇到不开心的事情，脸色也会立即黯淡下来。他们普遍的优点是安静、遵守秩序、想象力丰富、善于观察细微的变化。但他们也有一个很明显的缺点：过于在意外界对自己的评价，做事情极易受到外界暗示的干扰。下面举例说明这种性格给孩子带来的坏处。

破窗效应是美国心理学家菲利普·津巴多通过实验得出的结论。他将同样的汽车分别停放在不同的社区，一个是富人区、一个是贫民区。结果显示，前者在一个星期内都安然无事，后者却不到一天就被人偷走了。接着，津巴多将停在富人区的汽车的一块车窗玻璃敲碎了。结果，仅过了几个小时车就被偷走了。显然，那个偷车的人是受到了"破窗"的暗示，认为这里既然有人做了坏事，那么自己做一点儿也无妨，于是就将车偷走了。

出于对敏感型孩子心理的保护，父母要多对他们进行鼓励，否则他们会被父母的"坏评价"影响，有可能自暴自弃。如果父母能够经常鼓励他们，他们就会产生积极的动力，努力朝着好的方向前进。另外，良好的家庭氛围对于这类孩子来说至关重要，父母要尽量创造一种轻松、欢乐的家庭氛围，帮孩子克服过于敏感的情绪反应。

第四，散漫型。这类孩子与敏感型孩子的表现截然相反，他们很少在意外界对自己的评价，对自我的要求很低，对于诸如比赛、考试之类的事情也不怎么放在心上，更多时候是"临时应付"。但这类孩子却有一个明显的优势：由于他们不在意外界对自己的评价，因此很少为别人的看法所累，往往活得更加自我和快活，在面对生活压力时也不会表现出过多的消极和紧张情绪。

这类孩子的缺点其实并不明显，他们遇事时虽不那么"积极"，却能显示出临危不乱的良好心理素质。不过，有的父母会觉得孩子过于散漫，缺少上进心。这时，父母可以有意识地给孩子规划一些有建设性的事情，比如让他参加班长竞选或者参加学校运动队的队长选举。这些都能发挥孩子的优势，弥补孩子在竞争力方面的不足。

从实际来看，没有哪个孩子会完全属于一种性格类型，其性格往往是由几种类型组合而成的，只不过某种类型在孩子身上表现得比较明显。另外，父母应该明白，不管孩子属于哪种性格类型，都要顺其自然，要在接受孩子原本性格的基础上，加以良性引导，发掘孩子身上的特质和潜能。要知道，强势地改变是弊大于利的。人生的成功没有固定模式，只要有正确的教育态度和教育方法，哪种性格类型的孩子都可以获得很好的人生经历。

父母小贴士

世上的花朵各式各样，我们不能说哪朵最好看，只要能够艳丽地绽放，都是美丽的一景。对于孩子来说，没有哪一种性格是最好的，要注意的是不管哪种类型都可能会转往更健康或相反的方面。父母只要准确判断孩子的性格类型，并且接受、善待不同的性格类型，适当地调节管教方法，便能将孩子性格中的优势潜能充分发挥出来。

2. 童年时期必经的那些心理体验

高尔基曾经说过："爱护子女，这是老母鸡都会做的事情。然而，会教育子女就是一件伟大的国家事业了，它需要才能和广泛的生活知识。"这句话明确指出，成功的教育建立在科学知识之上。这里的科学知识，一方面指的是对孩子心理的了解，另一方面是指正确的教育方法。

身为父母的你，如果回首童年往事，一定会有很多挥之不去的内心感觉，这些感觉很微妙，有朦胧的害羞，有无法克制的胆怯，有莫名其妙的嫉妒……这些每个人在童年阶段都会经历的心理体验，在自己的孩子心中同样存在或者即将产生。父母在不了解孩子心理的情况下，对孩子进行的教育大部分是盲目的。一方面，孩子原有的心理需求得不到理解和重视；另一方面，父母不正确的纠正和引导，也可能导致孩子的心理问题加重，妨碍孩子的健康成长。

孩子的心理体验，分为积极和消极两种。积极的心理体验包括：简单快乐的心理、好奇心理等。但对于心理发展还很不健全的孩子来说，需要引起父母更多重视的是孩子心中那些消极的心理体验。

第一，依赖心理。每个孩子心中都会产生而且最早产生依赖心理。正常的依赖性是必需的，因为孩子还缺少完全独立的能力。但如果孩子到了一定年龄之后仍过于依赖父母，连基本的自主能力都没有，那就是一种不健康的依赖了。心理学家认为，孩子一旦有了过分的依赖心理，就会形成一个性格的漩涡，吞噬其他积极的性格，如勇敢、勤劳等。所以，父母不要做事无巨细的保姆，要学会放手，让孩子在每一个年龄段都有足够的能力承担相应的责任。

第二，自私心理。孩子在刚出生的时候是没有自我意识的，到一定年龄之后，才能慢慢将自己与周围的事物分开，把自己当成主体。这时，孩子的自我意识就形成了。而自私心理，则是孩子的自我意识无限扩大的结果。

心理学家经过研究指出，孩子一般到了一岁左右，就会出现分享的倾向和同情心理；到了两岁左右，就会自然地赠送他人零食、玩具，懂得对家人、同伴进行某种方式的安慰。但如果父母不知道在这些阶段培养孩子的"利他性"，而一味顺着孩子、溺爱孩子的话，那么孩子的自私心理就会出现，并且可能越来越严重。

当然，每个人都有一定的自私心理，但假如孩子的自私心理无限扩大，除了会影响孩子形成积极、健康的个性外，还会导致一系列不良习惯的产生，如说谎、排外、嫉妒等。所以，自私心理虽然不用消除，但一定要遏制。

第三，叛逆心理。叛逆是个人意识显现的必然结果，是一个人从幼稚走向成熟，开始主动承担责任、逐渐建立自己个性的过程。因此，孩子的叛逆表现在父母眼中应该得到理解。但父母也应该认识到,叛逆并不是值得鼓励的,过度叛逆,对孩子形成正确的心理认知有很大阻碍。

叛逆除了是孩子成长过程中的必然"产物",也与家庭环境有很大关系。家庭氛围不融洽、父母教育不合理,也会导致孩子出现不同程度的叛逆。比如,父母觉得孩子不顺从自己、没有达到自己的要求,而采用强制式、命令式的口吻对孩子发出指令;或者用无休止的唠叨、对孩子的不断否定,来表达自己对孩子的期望。这些都会导致孩子产生抵触心理,进而产生叛逆心理。

某对父母趁着午休时间,对孩子喋喋不休地讲了一堆"你要好好学习"之类的大道理,孩子几次想表达自己的想法,都被他们生气地"堵"了回去:"告诉你,我们说的话你必须听,不要找借口!任何借口都不能成为你学习不努力的理由!"孩子只好把话咽了回去。父母又苦口婆心地说了一大堆,孩子都没作声。两人觉得孩子这次总算听进去了。于是妈妈给孩子装了一瓶水,让他带着上学去了。谁知孩子不动声色地走出家门,刚到楼下,就用尽全身力气将玻璃瓶子砸在墙上,瓶子"咣当"一声碎了,水洒了一地——水洒落的同时还有孩子瞬间滋生的叛逆情绪。

父母要想缓解、消除孩子的叛逆心理,改善自己和孩子的沟通方式很重要。父母要改变"孩子必须顺从我"的心态,多倾听孩子的内心想法,在理解孩子的基础上和他保持良好的沟通、交流,而不是一味地将自己的态度强加给孩子。

第四,嫉妒心理。嫉妒是一种心灵毒药,会让人的心思停留在狭隘的层面,让人陷入不快中难以自拔。斯宾诺莎就曾说:"嫉妒是一种恨,此种恨使人对他人的幸福感到痛苦,对他人的灾殃感到快乐。"但不得不承认,从孩提时期开始,嫉妒心理就会在每个人心中产生,只不过存在程度的深浅。当父母发现孩子已经出现嫉妒心理时,要尽量通过良性的引导,让孩子心中嫉妒的火苗逐渐熄灭。

父母要明白,孩子产生嫉妒心理主要有三个原因:一是父母本身就有较强的嫉妒心,孩子耳濡目染,也产生了这种心理;二是父母过于宠爱孩子，助长了孩子的自私和占有欲望，从而使其产生嫉妒心理；三是孩子本身的性格问题，由于无法接受别人比自己强的事实，所以在别人受表扬、受夸奖的时候，自己心中很"吃味"。

从嫉妒产生的原因来看，父母要想控制孩子的嫉妒心理，一要以身作则，为孩子创造良好的家庭氛围；二要合理管教，不要溺爱孩子；三要引导孩子以平和的心态面对自己和他人，帮助孩子摆脱嫉妒心理的"毒害"。

第五，自卑心理。每个人都有自尊心，当自尊心得不到应有的满足时，就会产生自卑心理。自卑可能在一个人很小的时候就产生了，而一旦产生，要想消除则是一件很难的事情。有的人小时候自尊心受挫，自卑阴影甚至会伴随其一生，即使到了功成名就、万人羡慕的时候，其自卑心理依然存在。这值得父母警惕，对于孩子的自尊心要小心保护，千万不要随意伤害。

一般来说，孩子产生自卑心理，一方面可能是受了父母自卑心理或行为的传染；另一方面，可能来源于父母对孩子的打击。所以，为人父母者，首先要提升自己的自信心，给孩子做一个榜样；另外，要注意自己的言行，多以鼓励和引导的方式对孩子加以教育，尽量少批评、少拿孩子和别人比较，避免自己的刺激造成孩子产生自卑心理。

孩子的心理发展健全是一个漫长的过程，在这个过程中，不可避免地会出现各种消极心理，这是很正常的，父母大可不必"闻之色变"。不过，对孩子的消极心理视而不见、漫不经心，也会使孩子的心理健康受到影响。因此，在孩子成长过程中，父母必须时刻关注孩子的心理健康问题，以正确的方式帮助孩子塑造良好的心理。

父母小贴士

消极心理之于孩子，就像大海中不时泛起的浪花，虽然看似影响了大海的平静，但只要父母正确对待和引导，溅起的浪花最终都能归于平静。在不断调整和安抚之中，孩子会逐渐拥有一个如大海般成熟、理智的强大内心。

3. 父母不可不知的 3 ～ 12 岁 "水泥期"

有句话叫"知己知彼，百战不殆"。如果把父母教育孩子也看做是一场战争——一场遏制不利因素侵害孩子的战争的话，那么父母首先要做的应该是充分了解孩子，知晓孩子在成长过程中会遇到哪些不利因素的侵扰。苏联教育家康斯坦丁诺夫就提醒父母："必须掌握儿童的生理和精神的本性的发展规律。"只有顺应规律，做出的努力才能最大限度地发挥作用。

孩子在 3 ～ 12 岁之间，具有明显的心理发育特点，需要父母必须了解，这就是孩子的两个"水泥期"。3 ～ 6 周岁，孩子会经历一个"潮湿的水泥期"，其性格的 85% ～ 95% 会在这一阶段形成；7 ～ 12 周岁，则是"正凝固的水泥期"，在这一段时期，孩子的性格已经形成，随着学业压力逐渐加重，孩子的学习和生活习惯都处于逐步养成的过程中。这两个阶段是孩子情商形成、塑造的关键时期，父母千万不能掉以轻心。

"潮湿的水泥期"，顾名思义，这段时期孩子的很多性格因素还处在混乱、懵懂之中，杂乱无章，很难理顺。这时的孩子缺乏对事物的判断能力，分不清事情的"黑白面"，遇事喜欢凭自己的喜好处理。3～6岁孩子的家长普遍反映，孩子脾气坏，一遇到不高兴的事情就会哭闹、骂人、摔东西，甚至会打人、踢人，讲道理根本没有效果。这时，一般父母的做法可能是使用自己的权威让孩子屈服，或者自己妥协、顺从孩子。但这样做的结果，往往是父母在教育孩子的这场"战争"中"失利"。这是因为，"威严镇压"的方法不能让孩子心服口服，反而会让他心中滋生不满，逐渐产生叛逆心理；而一味顺从，会给孩子造成一种心理暗示——只要发脾气、胡闹就能达到自己的目的，以后他就会一而再、再而三地使用这种手段达到目的。那面对"潮湿期"难以驯服的孩子，父母该怎样做呢？专家建议，这时父母要采取带孩子"离开现场"的方法，让孩子先从胡闹、生气的氛围中解脱出来；然后再将正确的道理讲给他听，告诉他怎样处理类似的事情才是正确的。在一次次"剔除错误、灌输正确概念"的过程中，孩子良好的心态、健康的性格就能被塑造起来了。

在"潮湿的水泥期"里，孩子除了"不听话"之外，还有一个很大的特点就是"不敢做"。这是孩子的自信心还没有建立起来的表现，具体表现为总是因为害怕失败而退缩，"我不行""我不去"是他们的口头禅。为了培养孩子的自信心，很多父母磨破了嘴皮子，使劲鼓励孩子、表扬孩子，但效果却是一般。其实，父母培养孩子自信的最好方法，就是让他们去"经历"，成功的体验自然会给孩子带来自信。这就要求父母，在孩子力所能及的情况下，放手让他亲自去处理自己的事情，不要事事包办。

很多人提起美国人，总认为他们很有自信、很独立。其实，这正是他们从小注重培养孩子能力和自信的结果。下面是美国一般家庭中孩子的家务清单：

9～24个月，自己扔尿布；

2～3岁，扔垃圾，整理玩具；

3～4岁，自己刷牙，浇花，喂宠物；

4～5岁，铺床，摆餐具；

5～6岁，擦桌子，收拾房间；

6～7岁，洗碗盘，独立打扫房间；

7～12岁，做简单的饭，清理卫生间，使用洗衣机；

13岁以上，换灯泡，擦玻璃，清理冰箱、炉台和烤箱，做饭，修理草坪……

中国的父母不一定非要照搬美国人教育孩子的模式，但看完这个清单后，应该明白孩子自信、能力的来源，故而要懂得放手，让孩子在各年龄段都承担其相应的任务。

7～12岁之所以被称为"正凝固的水泥期"，是因为此时孩子的性格已经基本形成，可改变的空间相对较小。不过，此时孩子接触的社会范围越来越广，生活习惯与成人更为接近，也进入了全日制学校开始任重道远的学习生涯。因此，在此期间培养孩子一些良好的生活、学习习惯以及良好的交际能力，对于孩子的一生有着深远的影响。

提起养成好习惯，父母要着重培养孩子"勤快"的素质。只要孩子没有"懒惰"的毛病，那么在很多方面就会具有一定的优势。比如，完成课业方面会顺利得多，拖拉、磨蹭、开小差等情况不会经常性地出现在孩子身上；又如，个人生活方面可能打理得井井有条，脏、乱、差、熬夜、赖床等坏习惯不足以成为孩子的困扰。

好习惯能带给孩子好的"命运"，而拥有好人缘则可以给孩子以快乐。所以人际交往能力的培养，在这个时期显得尤为重要。7～12岁的孩子开始渴望"友谊"了，学校和同学对他们的影响越来越大。父母要重视孩子"交朋友"的能力，不要让"不合群""不友好"成为孩子的标签。科学研究表明，良好的人际关系和社会交往技巧，一定可以通过学习而得到。父母要不断传授给孩子这些本领：如何进行有效沟通，面对拒绝时的选择，分享的意义，如何做到双赢，如何应对嘲笑等。这些有效的人际交往技巧，会帮助孩子在学校交到很多朋友，使其在快乐的氛围中成长和学习。

总而言之，孩子成长中的两个"水泥期"，既是对父母的考验，也是父母帮助孩子塑造优质性格、养成良好习惯的绝好机会。抓住这两个时期，使用正确的技巧，那么父母在接下来的教育中就能轻松很多，而无须煞费苦心就能教育出一个知礼节、懂事理、勤奋、优秀的孩子。

父母小贴士

孩子就像一棵成长中的树苗，需要父母时常修修剪剪，这一特点在孩子的两个"水泥期"中表现得非常明显。或者说，孩子在3 ~ 12岁期间，就像一个正在冶炼中的器皿，柔软、不成形，父母虽然要花费一些力气才能将它变得漂亮、协调，但远远好过无所作为，在它变凉、僵硬之后无尽地懊悔。

4. "反抗期"到了，需要"压迫"吗

曾经嗷嗷待哺、完全依赖父母、乖巧可爱的孩子，突然有一天举起了"反抗"的旗帜，气鼓鼓地说出了"不"，事事都要和父母对着干，是否让正在享受天伦之乐的你感觉很不适应呢？这时，你要做的不是生气和郁闷，而是要做好准备，去迎接孩子的"第一个反抗期"了。

很多年轻的父母都有这样的体会，本来自己对于孩子来说是绝对的依靠，是孩子绝对服从、听从、顺从的"权威"，自己每说一句话，孩子都会用稚嫩的赞同声音响应，然后乖乖地奉行。但孩子到了两三岁的时

候，这种"理想"的状态突然被打破，孩子开始频繁地说出那个以前基本用不到的"不"字，开始专门去做父母不允许的事情，开始顶嘴、说反话、发脾气……总之，就像沉寂了许久的小老虎，突然变成了森林里的小霸王一样，开始完全按照自己的想法做事，而且总是"与众不同"的想法。

参考"哪里有压迫，哪里就有反抗"的说法，父母可能会很迷惑：自己并没有"压迫"孩子，对待孩子的态度一如从前，他何以突然要"反抗"呢？其实，这种现象与父母的态度基本无关，这是每个孩子都会经历的一个阶段，在心理学上叫作"第一反抗期"。突出表现为：心理发展出现独立的萌芽，自我意识开始发展，好奇心强，有了自主的愿望，喜欢自己的事情自己做，不希望别人来干涉自己的行动，一旦遭到父母的反对和制止，就容易出现说反话、顶嘴的现象。这种情况通常发生在3岁左右，会持续半年至一年的时间。

从孩子的心理发展过程来看，1岁之前，孩子会认为他和妈妈是一体的，直到1岁之后才会慢慢发展出自我概念，发现自己是一个独立的个体。这时，他首先会产生一种焦虑情绪，害怕与妈妈分离，因而在1～2岁的时候，孩子会表现得非常黏人、非常听妈妈的话，这也就是妈妈感觉非常良好的时候。但到了2岁多到3岁的时候，随着孩子安全感的逐渐增强，他会产生一种自豪的心理，觉得自己具备了掌控自我的权利。于是，他便急于用语言和行动"昭告"父母：我是自由的，是不从属于你们的！

从孩子的活动能力来看，孩子3岁以前，自己能做的事情非常有限，各方面都需要父母的精心呵护，所以这时孩子对父母有较强的依赖感。但到了3岁左右，孩子的身体活动能力已经比较强了，很多事情都可以自己动手做。而随着好奇心的增强，他们会渴望扩大自己独立活动的范围，并且必须是独立行动——这才能证明自己是有"主权"的。这时，父母往往出于安全考虑，阻拦和限制孩子的行动，而刚刚尝到"独立"甜头的孩子当然会反抗，于是矛盾就产生了。

孩子喜欢跟自己对着干、不喜欢和自己亲近，自己的待遇"一落千丈"，父母心中必然备感失落。但父母若从孩子成长的角度来考虑的话，那么，孩子的反抗并不是一件坏事。

曾有专家做过这样的研究：将 2～5 岁的幼儿分成两组，一组反抗性较强，另一组反抗性较弱，然后请工作人员进行跟踪调查。结果发现，反抗性较强的幼儿中，有 80% 的人长大以后独立判断事情的能力较强；反抗性较弱的幼儿中，只有 24% 的人长大以后能够自我行事，但是独立判断事情的能力仍比较弱，常常依赖他人。

专家由此得出结论：第一反抗期的孩子已经有了独立的想法，这是他发展判断力和独立自主的好时机，应该得到父母的重视。如果要求孩子事事听话，反而会阻碍孩子判断力的发展。

这个结论相信能使很多父母放下心来：孩子反抗实在不是什么大毛病，父母无须大惊小怪，也无须对孩子采取大规模的"镇压"。假如父母能够对孩子的行为表示理解，并且支持他们那些"无伤大雅"的做法，相信对孩子来说也是一种有益的教导。

不过，假如孩子叛逆得有些过分，父母当然不能听之任之。比如，孩子不懂最基本的礼貌，经常对大人无礼顶撞；孩子将家里当作自己争取"独立"的战场，不停地破坏家里的东西来证明自己的独立；孩子已经有暴力倾向，总是欺负别的小朋友……当孩子以"小霸王"的作风来显示自己的独立时，父母就不能袖手旁观了，而是要采取一定的"管制"手段。

对付孩子的叛逆、反抗，一定要懂得相应的技巧，不要采用强硬的手段。比如，不要以否定、批评的方式跟孩子交流，因为孩子正处于反抗期，你越要改变他，他越要坚持自己的做法。对于一些原则性的事情或者有危险的事情，父母不妨先做出示范，让孩子知道怎样做能起到最好的效果。比如，对于摆在家里的鱼缸，妈妈可以告诉孩子，轻轻地摸是可以的，但敲打鱼缸是会出危险的。对于一些虽然无关原则、但父母认为有必要纠正的行为，可以给孩子讲解或模拟出正确做法和错误做法的不同后果，让孩子选择，这样孩子会更易于接受。比如，孩子喜欢摔玩具，每件玩具都难逃被"毁灭"的厄运。这时，妈妈就可以告诉孩子："不玩之后，如果把玩具收起来，下一次就可以有完整的玩具玩；如果把玩具往地上摔，那么就只会让自己的玩具越来越少。你觉得应该怎么做呢？"通常情况下，孩子都会静心考虑，权衡轻重。

每个孩子都有反抗期，对于父母来说，"压迫"不是目的，而是要引导孩子改正反抗期中的毛病，培养一些好的行为习惯。孩子的反抗期虽然只是一个过渡阶段，但如果父母能够打好"这一仗"，那么孩子和父母都将是最后的赢家。

父母小贴士

虽然被称为"第一反抗期"，但孩子的意图并非真的"反抗"，而只是为了证明自己。这时父母要讲究态度和方法，不要采取强硬手段压迫孩子。否则，就会应了思想家布鲁诺那句话："一味地挖苦、贬低，会导致孩子的反抗，反对父母，反对学校，或者反对整个世界。"

5. 你了解孩子的心理需要吗

什么样的爱才是对孩子真正的、理智的爱呢？答案是父母在了解孩子心理需求基础上付出的爱。苏联著名教育学家苏霍姆林斯基说："在没有明智的家庭教育的地方，父母对孩子的爱只能使孩子畸形发展。这种变态的爱有许多种，其中主要有娇纵的爱、专横的爱、赎买式的爱。"

天下最爱孩子者莫过于父母，最伟大的爱也莫过于父母之爱。这两句话我们都可以说得斩钉截铁，但如果说"父母的爱都是很理智、很高明的"，恐怕大家就不敢保证了。相信这也是很多父母的困惑之处："我给他吃得好，买好看的衣服和有趣的玩具，经常和他交流，生怕他受一点儿委屈……可当我用心地做完之后，还是觉得效果不尽理想，孩子还是时不时地出现情绪上、心理上的问题。我做了一切可以做的，但还是不敢说自己的爱很'高明'。"父母有这样的困惑，其实很正常。这是因为，父母虽然用心，但只是站在自己的角度上考虑问题，满足那些自认为是孩子的需求，而没有以孩子的身份思考过，他真正的心理需求是什么。

华罗庚先生曾经说过："把一个比较复杂的问题'退'成最简单、最原始的问题，把这最简单、最原始的问题想通了、想透了，然后再来一个飞跃上升。"这话虽然是对学生学习上的指导建议，但放在家庭教育中，其实也很贴切。对于父母来说，与其费尽心思琢磨怎样给孩子更多的"爱"，不如让自己"退"到一个小孩子的年纪上，切身感受一下孩子处在儿童阶段时真正需要的是什么。

当父母真正以一个孩子的视角看世界的时候，会发现除了基本的衣食住行之外，孩子最需要的是下面几种心理感受。

首先当然是被爱的感觉。孩子需要来自父母的爱，这是孩子最基本的需求，能使孩子有安全感与价值感。这就提示天下的父母，爱孩子不要只表现在行动上，还要经常通过语言来表达。实际行动的爱可让孩子有所体会，但听到的爱则会让孩子有更直观的感受。中国的父母往往吝于口头表达自己的感情，总觉得把"爱"挂在嘴边是一件难为情、肉麻的事。但从孩子的角度来说，接受父母提供的"物质"，不一定就能真切地感受到爱——他们还没有学会将这两者联系起来；只有经常听到父母说"爱自己"，多陪伴自己、多和自己有一些肢体接触，才能真正地从心底认识到父母对自己的爱。所以，无论父母身在何处、工作有多忙，只要有时间，就要通过语言向孩子表达"爱意"；回到家的第一件事，也请先抱抱孩子，给他一个有力的吻。

其次，孩子很需要安全感。一个没有安全感的人是无法相信别人的，也无法和周围的人建立起真挚的情感。让孩子对外界有安全感，父母必须言而有信，做一个值得孩子信任的人。比如，你答应了今天要陪孩子，那么就不要再安排没完没了的工作；你许诺圣诞节送孩子一个新玩具，就一定不要推到元旦、春节。另外，父母教育孩子时，让孩子知道社会有一定的危险性是必要的，但千万不要危言耸听，否则会使长大后的孩子"草木皆兵"，对任何人都难以信任。

有一则关于犹太人如何教育孩子的故事，说的是父亲让儿子站在窗台上往下跳，下面有父亲接着，所以不必畏惧会被摔伤。儿子跳了两次，都被父亲稳稳接住，毫发无损反而乐趣无穷。到第三次儿子要跳下的时候，父亲却没有伸出双臂，而是对儿子说："这次我不会接住你，但你必须往下跳，你要重重地摔到地上。我要让你知道，以后的路很长，处处布满荆棘，你不能轻信别人。"儿子吓得脸色都变了，眼里开始泛起泪光。父亲又严厉地说："我要给你个教训，让你记住，即使我是你的父亲，你也不能完全信任我。现在就往下跳吧！必须跳！"儿子没有办法，含着泪，颤抖着双腿，眼睛一闭，痛苦地跳了下去。谁知，他并没有如自己所想的那样摔在地上，而是稳稳地落在了父亲的手臂里。他不敢相信地睁开眼睛，看着父亲，父亲温柔地说道："孩子，我要让你知道，虽然世间险恶，但仍然有很多人、很多事值得我们去信任，尤其是你最亲近的人。"

安全感不仅来自于对别人的信任，还来源于自信。孩子拥有自信，就敢于大胆地探索周围的环境，学习新的事物，敢于站在平等的位置上和别人交流。生活中我们经常看到，有些孩子一面对陌生人就会羞怯、不敢说话，这不就是缺乏安全感的体现吗？所以，父母除了要用自己坚强有力的臂弯给孩子安全感之外，还要教他如何自信地与这个世界相处。

再次，孩子需要一种规则。可能在父母的眼中，孩子喜欢的是无拘无束，不喜欢有人管着自己。但实际上，对于一个刚来到世界上不久、对很多事物都还缺乏了解的孩子来说，规则就像是一栋房子的墙壁，它规定了生活的界限及广度。只有当孩子知道什么是可以期待的事，他才会觉得舒适自在。所以规则是安全感的来源，规则的建立可以给孩子提供自由成长的顺序感。因此，父母可以放心大胆地给孩子"设限"，给孩子设置一些符合常规的、社会认可的限制，这同时也是给孩子传授融洽地与社会相处的本领。

比如，父母告诉孩子，自己力所能及的事要自己做，别人的东西不能乱碰。当孩子听到这两个规则时，首先他会放心大胆地支配、触碰属于自己的东西，其次他会约束自己不乱动不属于自己的东西。这样的孩子，既会因独立受到别人的赞赏，也会因为懂礼貌而得到大家的喜爱。

另外，孩子还需要新的学习经验。对于孩子来说，受到无微不至的照顾并不是他们的意愿。相反，不断地探索、接触新的事物，学习新的本领，对他们来说才是一种迫切的心理需要。假如父母事事包办，孩子就无法成长、发展，当然也不会感到快乐。父母要知道，孩子也是需要责任感的，让他负责自己的日常生活，如穿衣、收拾玩具、扫地等，可以帮助他了解自己的重要性，建立自信心。

除此之外，孩子的内心需要还包括得到别人的尊重、平等地和他人相处、隐私得到保护，等等。

父母小贴士

很多父母将自己对孩子的教育看做一场"拔河"比赛，必须要和对方反着来，结果不是自己赢、就是孩子赢。实际上，真正良好的教育，是父母和孩子站在一条船上，体会孩子的需要，给予其正确的引导和帮助。

第二章

打造优质环境，
培养一个优秀小孩

为人父母者，一定都想把天下最好的东西给自己的孩子。但其实父母所能给孩子的最好的东西，是良好的教育。良好的教育又从何谈起呢？必要的前提是一个优质的环境。俗话说："良好的家庭环境可以造就德才兼备的优秀人才，不良的家庭环境有可能毁掉孩子的一生。"所以，给孩子再优越的生活，也比不过给他一个良好的家庭氛围、一对言行高尚的父母。这也是在孩子成长过程中，读懂儿童心理的最有利的条件。

1. 家庭环境是塑造孩子心理的大魔术师

　　苏联著名教育学家苏霍姆林斯基曾把儿童比作一块大理石，他说，把这块大理石雕刻成一座雕像需要六位"雕塑家"——家庭、学校、儿童所在的集体、儿童本人、书籍、偶然出现的因素。从排列顺序上看，家庭被列在首位，足可以看出家庭在塑造儿童心理上所起的重要作用。

　　家庭环境对于孩子的心理到底有多重要？毫不夸张地说，它决不仅仅是在影响孩子身体成长的因素中排第一位，它还在很大程度上决定着孩子的性格、心理等关键素质。孩子刚出生时，都像一张白纸，在什么环境中成长，就会被"染"成什么样子。著名幼儿教育专家张于义就曾说："孩子的心灵犹如白纸一样纯洁，既容易受到真善美的熏陶，也容易受到假恶丑的污染。"可见，每个孩子都有很强的可塑性，而塑造他们的第一个关键环节，就是家庭环境。家庭环境可以塑造出著名企业家、颇有成就的学者、优秀的行业领军人物，也可以塑造出锱铢必较的市井小民、道德败坏的流氓、偷鸡摸狗的盗贼……家庭环境就像一个魔术师，能将曾经纯洁的孩子"变幻"成各种不同的样子。但这个"魔术师"也并非随意变幻，它仍然遵循"种什么种子就结什么果实"的规律。

　　一般家庭中，教育孩子的方式各有不同，但家庭教育的模式大概有以下三种：

　　第一种是溺爱型的家庭教育。现代家庭中，独生子女占绝大多数，孩子常常处于"众星捧月"般的优待之中，因此这样的家庭教育模式十分普遍。这类家庭的主要特点是，孩子受到过多的爱、过多的保护，几乎所有事情都不用自己动手，而由父母包办代替。此外，无论在什么事情上，父母都会无原则地迁就、满足孩子，甚至对于孩子的一些不良行为也不加制止。在这种教育模式下，孩子往往会形成任性、自私、胆小、嫉妒、自理能力差但优越感十足的不良心理。

苏苏的家庭是典型的"4+2+1"模式，苏苏就是那个"金字塔"尖儿上的小女孩。苏苏今年 8 岁，8 年来她一直生活在全家人的宠爱之中：她穿的衣服是全家最贵的，玩的玩具比周围小朋友的都高级，虽小小年纪却吃遍了山珍海味。她掰着手指头，能说出很多名菜、高级点心、先进的电子产品的名称。除此之外，她在别的一些方面就做得不尽如人意了。比如，她到现在还不曾自己洗过一双袜子，不知道很多日常用品的功能，不会整理自己的玩具、书包……

更让人担心的是，苏苏在和同学聊天的时候，只许大家谈论她懂的东西，比如吃的、玩的；要是谁问她会不会叠衣服之类的问题，她就会立刻跟对方翻脸。直到现在，苏苏也没有一个聊得来的小朋友。

在这样的家庭里，父母爱的出发点并没有错，但他们错在"目光短浅"，只顾着眼前一味对孩子表达疼爱，让孩子生活得更加舒适、快乐，却忘了培养他们日后独自面对生活时需要具备的本领。溺爱，将孩子学习这些本领的机会"溺"毙了。

第二种是专横型的家庭教育。在这类家庭中，孩子的意见、愿望、情感总是难以表达，即使表达了，如果与父母的意见不一致，也会受到父母的呵斥与禁止。久而久之，孩子干脆不再表达自我的真实愿望，依从父母的安排。在这样的家庭里，孩子得不到应有的尊重与信任，长大后往往缺乏自信，遇事易恐惧，难以适应社会。更严重的是，父母这种强制态度也会被孩子继承，使他也逐渐变成一个挑剔、不宽容的人，从而难以与他人相处。

第三种是比较理想的家庭教育模式，即民主型的家庭教育。在这种教育方式下，孩子能够得到父母的尊重、保护，能与父母平等地相处。

父母在教育中扮演的角色是孩子的指导者，而不是操纵者。这是一条良好的教育之路，能够保证孩子的身心朝着健康的方向发展。

那么，如何塑造"民主型"的家庭氛围呢？

首先，家庭必须要和睦。在一个和美的家庭中，各家庭成员互相关爱、互相扶持。孩子生活在这样的家庭环境中，能够充分感受到家庭的温暖，容易形成善良、活泼的心理品质。相反，如果生活在一个"两天一小吵、三天一大吵"的家庭环境中，孩子看到的是父母的互相指责、埋怨，感受到的是家庭氛围的紧张，长期生活在这种环境里，孩子感受不到家的温暖，而只能感觉到无尽的恐惧和紧张。慢慢地，孩子就会形成孤僻、忧郁、畏缩、懦弱等消极的心理。生活中有不少孩子因为父母长期不和而离家出走、甚至误入歧途的案例，这些深刻的教训，值得父母们引以为戒。

其次，父母要尊重孩子、信任孩子，和孩子维持一种平等的关系。这里的平等，首先是一个关注度上的平等，即父母尽量不要给孩子过多关注，不要事事都以孩子为先，否则孩子的优越感就会大增，逐渐形成"溺爱模式"。平等的另一层意思，指的是父母要把孩子看成是一个完整的"人"，让孩子拥有属于自己的空间，并且不要去过多支配他，由他自主活动。这个空间包括两层含义，一是给孩子一个独立的物质空间，比如将家里某一个小柜子分给孩子使用，由他决定里面放什么东西、怎样摆放；二是要给孩子足够的精神空间，就是孩子喜欢什么、有什么兴趣爱好，父母都要给他充分的自由；另外，还要让孩子有一定的发言权，让孩子参与到某些家事的讨论中来，或者分出一部分家事来由孩子决定如何处理。

好的家庭环境一定是民主的，不能是父母"专制"的，也不能是孩子"高高在上"的。民主的关键词就是平等，父母要既给孩子平等的权利，又要让孩子承担必要的义务。这样，孩子既不会被过度宠爱，又能培养出一定的责任感。

父母小贴士

家庭环境对人的影响最深刻，家庭生活在人的心理上所打上的烙印是终生难以磨灭的。父母对子女的爱护，既不能缺失，又不能过度。不随意呵斥、打骂孩子，也不过分顺从孩子。要尽量做到对孩子尊重、信任，以朋友的态度与孩子相处，建立起民主的家庭关系。

2. 父母的今天，就是孩子的明天

提起家庭教育，总会有人说这样一句话："没有教不好的孩子，只有不懂教的父母。"也许有人会问："什么才叫'懂教'呢？"其实，"懂教"的真谛不是真的教，而是做。父母想要教出一个什么样的人，就要先要求自己做一个什么样的人。这种以身示范的作用，比任何耳提面命式的教都来得更有效。

苏联著名教育家马卡连柯曾经说："一个家长对自己的要求，对自己每一行为举止的注重，就是对子女最首要、也是最重要的教育方法。"这句话明确指出，父母就是孩子最直接的榜样。孩子生来不具备任何能力，所有对于习惯、能力的习得，都是从父母那里模仿来的。简单说就是，父母今天的所作所为，就是孩子将来的样子。父母如果希望孩子按照自己设定的方向前进，自己就要先成为孩子的榜样。

中央电视台有这样一则公益广告：一位年轻的母亲在劳累了一天之后，还亲手给病榻上的老人洗脚。洗完脚后，这位母亲正要休息，她的孩子——一个只有五六岁的小男孩，竟也摇摇晃晃地端来了一盆水，用稚嫩的声音说："妈妈，洗脚。"这位母亲顿时热泪盈眶。

专家认为，3～7岁的孩子正处于"图谱时代"，即他们把外界的行为模式都看成是图谱，印入大脑，并照着这些"图谱"学习各种行为。也就是说，父母不经意的一个行为，都有可能印在孩子的脑海中，成为他们日后的行为标准。那些平日喜欢当着孩子的面互相谩骂、做出粗野行为的父母，他们的孩子将来就可能是一个举止粗俗的人；那些挥金如土、享乐无度的父母，培养出的很可能是一个"拜金主义"后代；那些满嘴谎言、不敬长辈的人，培养出的多半也是一个"不肖子孙"……

曾有这样一个电视节目，主持人问在场的孩子："你们长大了最想做什么？"一个3岁的小女孩说："我最想做妈妈！"在场的观众都笑了，觉得这个小女孩思想很"成熟"。主持人又问："你为什么想做妈妈呢？"小女孩很认真地回答道："我妈妈天天待在家里，不上班，整天躺在沙发上看电视、吃零食、睡觉……"

孩子缺乏辨别是非的能力，他们总是无意识地模仿父母的行为，孩子看到的真实生活，就可能在他们的脑海中形成自己未来生活的样子。如果身为父母的你，不希望自己的孩子学到自己身上不好的那一面，就要在孩子降生之后改变自己，让自己的责任心强大起来，给孩子做一个好的榜样。

下面几个方面的行为规范，是父母应该要求自己做到的：

首先，要做一个有道德的人。在孩子面前，要多颂扬那些道德高尚的行为，如乐于助人、拾金不昧、尊老爱幼等，不要给孩子灌输一些对其形成正确价值观不利的东西，比如看见一个很可怜的小女孩在乞讨，轻蔑地说"我才不会同情她"；或者总是因为自己占了公家的小便宜而沾沾自喜；抑或是提起长辈的时候，满口抱怨，一副苦大仇深的样子……这些不那么高尚的行为和语言，其实都在潜移默化地改变着孩子的心，当有一天他也成为一个狭隘、自私、势利的人时，再后悔恐怕就来不及了。

其次，要做脚踏实地的父母，对待工作专注认真，生活上不追求奢靡。这些对于孩子形成良好的心态也是非常重要的。

著名科学家钱三强和著名核物理学家何泽慧夫妇，不仅在学术上认真严谨，而且在子女的教育问题上也同样认真，他们尤为强调父母自身的行为、榜样对子女品性和习惯的影响。

由于夫妻双方都是杰出的科学家，所以家中经济条件较为优越。钱三强夫妇很担心孩子们因为家庭条件优越，变得铺张浪费、大肆挥霍，只注重攀比和奢侈。于是，夫妇二人决定从自我做起，给孩子树立一个好的榜样。他们从不追求生活上的豪华、奢侈，何泽慧总是穿着自己的"老三样"：晴天一双平底布鞋，阴天一双解放球鞋，雨天一双绿胶鞋。除了必要的衣物之外，她只有一条咖啡色的头巾，而且也已经洗得发白了。钱三强的生活就更加简朴了。他总是说："衣服嘛，能穿就行；东西嘛，能用就行！"

夫妇二人身体力行，孩子们看在眼里，耳濡目染，自然也养成了好习惯。钱三强家中的三个孩子，没有一个讲究吃穿、讲究派头的，他们都待人谦虚、礼貌，从来不和他人攀比。上学的时候，他们和其他孩子一样坐公共汽车，穿一样的校服，更不会靠着父亲和母亲的特权搞什么"特殊化"。他们衣着朴素，吃喝简单，住行平实，在为"人"和为"学"上，都是同龄人中的佼佼者。

再次，父母还要注意做一个心态健康、性情良好的人。一对脾气暴躁的父母，是教不出一个温和礼貌的孩子的；一对阳光开朗、乐观积极的父母，也很难想象他们会有一个性情孤僻、郁郁寡欢的孩子。父母只要随时提醒自己，用积极、健康、乐观、宽容的心态来面对生活，做一个聪明但不奸诈、上进但不急进、认真但不固执的人，孩子自然也会形成健康、良好的性格品质。这也正应了那句话："父母本身就是一本形象的教科书。"能够长期读一本好书的孩子，心灵自然也是美好的，心境自然也是高雅的。

父母小贴士

我国著名儿童教育家陈鹤琴曾说过："父母是孩子的一面镜子，怎样的父母都会在孩子的身上反映出来。"孩子生活在家庭中，与父母朝夕相处，父母的言行举止、情感态度、待人接物等都会潜移默化地影响着孩子的心理发展。所以，父母一定要不断地提高自身修养，反省自我，给孩子最积极、最正面的影响。

3. 强势父母背后的"无个性"孩子

调查显示，越来越多的中国家长认识到，在孩子一生之中起主导作用的不是智力，而是他们的创造力、语言表达能力、适应能力、社会技能等素质。这些素质用一个术语来概括，就是我们常说的"个性"。

所谓"个性"，就是个体的特性，是区分每个孩子的最重要的依据。一些心理学家经过反复的研究和实验，发现有四种个性要素对于人的影响最大。

第一，责任心。有个性的人才有责任心，因为他们无时无刻不意识到自我的存在，从而感应到自我应当承担的责任。连自我的独立性都不够肯定的人，自我责任感当然也就淡化一些。

第二，情绪的稳定性。有个性的人对自己是充满信心的，表现在情绪方面，就是敢于肯定自己，遇事心态比较平和、不易激动，对他人也能保持一定的宽容态度。而没有个性的人，急于表现自己，喜欢通过与别人的争执来让自己得到肯定。在情绪方面表现为容易激动，对事情过于敏感，喜怒无常。虽然在生活中，我们也常笑称后者是"个性"强烈的人，但从心理学角度来讲，后者恰恰是个性不强的人，他们的个性不稳定，容易怀疑自己，因而总是想通过对外界强烈的反应来证明自己。比如，一个个性很稳定的孩子，在别人面前常常不那么注意自己，而是将注意力更多地放在与别人的交往之上，这是因为他们的个性稳定，自己有足够的安全感；而总是在意自己是否被别人尊重、是否受到别人否定的孩子，往往是没有安全感的孩子，他们唯恐外界对自己这个个体不肯定。所以，有个性的孩子的情绪往往也是比较平稳的。

第三，好奇心和创造力。有些孩子从小好奇心就很强，什么事情都想知道"为什么"，天文地理、运动艺术样样都有兴趣，遇到事情就喜欢自己动手，这是他们个性的体现；有些孩子则对什么都不感兴趣，遇到事情懒得思考，巴不得别人都帮自己做好，这就是缺乏个性的体现。

第四，交际能力和领导能力。个性成熟，或者说有个性的孩子，通常在现实生活中都很健谈，喜欢结交朋友，办事有主见，也很果断，说出的话很有"分量"；缺乏个性的孩子，则往往在人际交往中显得很被动，性情沉默，碰到事情一般没有自己的见解，总是人云亦云，经常处在被支配的地位。哪种孩子有能力广交朋友、将来可堪大任，哪种孩子只能形单影只、"泯然众人"，在这里就一目了然了。

显然，每对父母都希望自己的孩子是有个性的，长大之后能够独当一面，完善地处理好自己的生活。但很多父母并没有意识到，孩子是否有个性，是父母的行为直接影响的结果。现实生活中，父母总是不自觉地用自己的强势抹杀了孩子原本可以拥有的个性。

意大利教育家蒙台梭利提出了"精神胚胎学说"。这个学说认为，胎儿在母体中形成的那一瞬间，就存在一种内在的东西，这种东西在孩子一出生就决定他如何发展，要去抓什么、摸什么……这就是"精神胚胎"。简言之，就是在胎儿时期，每个人就已经有了自己潜在的个性。而出生之后，有的孩子能够在自我个性的指导之下去做事、思考，逐渐形成自我完整的个性；有的孩子则常常被父母灌输的思维模式、强加的行为规范所影响，逐渐失掉了自己的个性，最后成为"无个性"孩子。

琪琪打从生下来那一天起，妈妈就决定将她养成一个文静的女儿。所以，琪琪第一次用手抓饭、第一次在地上爬、第一次玩球时，都遭到了妈妈的喝止。在琪琪的内心深处已经形成思维定式：凡是"好玩"、刺激的事情她都不能去做。

3 岁那年，琪琪知道爱美了。一次，琪琪跟着妈妈逛商场，看到一件印着"灰太狼"的 T 恤，非常喜欢，请求妈妈给她买下来，但妈妈说这太"男孩子气"了，不给琪琪买。

4 岁的时候，琪琪靠着自己的"本事"，交到了第一个好朋友。但她将这件事告诉妈妈时，妈妈却很恼火地训斥道："不是让你别随便跟人说话吗？你怎么知道她是不是个好孩子？"琪琪既害怕妈妈的训斥，又担心真像妈妈说的那样，到处都是"坏孩子"，于是再也不敢交朋友了。

现在，琪琪已经 5 岁半了，她已经被妈妈训练成了一个非常"文静"的女孩，在家里从来不敢乱动东西，没有妈妈的允许甚至连自己的玩具都不敢玩；在外面不敢和陌生人说话，在同龄人面前也特别"安静"；对妈妈言听计从，但离开妈妈就显得无所适从。别人都说："琪琪这个小姑娘也太乖了。"但她的妈妈还没有意识到，琪琪已经丧失了孩子的童真和宝贵的个性。

做父母的太强势，总是帮孩子决定一切事情，不给孩子一点儿权利，孩子的个性就会消失得无影无踪。正如教育界那句名言："凡是对孩子将来负责的父母都应该牢牢记住这个很重要的育儿原则——替孩子们做他们能做的事，是对他们积极性的最大打击。"而当父母意识到自身的教育错误，慢慢消磨掉自己的强势棱角时，孩子的个性就会逐渐显现出来。

父母小贴士

　　要想让孩子有个性，就要尊重孩子的想法、做法，一味强行将自己的思想灌输给孩子，孩子怎么可能有机会发展自我意识？很多父母认为，有了孩子，自己必须强势，才能很好地保护孩子。但实际上，往往是"不作为"的父母，才最终保护了孩子的个性、孩子的主见，使孩子成为一个优秀、独立的人。

4. "三高家庭"阻碍孩子心理发育

　　父母对孩子"高期待、高要求、高度关注"，这样的家庭就是"三高家庭"。"三高家庭"下成长起来的不一定是具备高技能、高学历、高素质的孩子，而可能只是在高压力之下出现心理问题的孩子。要知道，在教育上操之过急，只会阻碍孩子正常的心理发育。

　　父母都希望自己的孩子"成龙成凤"，并为此付出很多努力和关注，这几乎已经成为一种普遍的社会现象。于是，几乎所有的父母都对自己的孩子抱有过高的期望，希望孩子天赋高、聪明、各方面都比别人优秀。高期望之下，父母们必然就会对孩子有"高要求"。每到周末，并没有多少父母带着孩子到大自然中去游玩、放松，而是急匆匆地把孩子带到各种培训学校，去学习钢琴、书法、绘画。另外，父母往往还会对孩子"高度关注"。学习方面，他们关注孩子是否达到了自己的期望、满足了自己的要求；生活方面，他们关注每一个细节，只要发现孩子所做的不利于学习，就加以干涉，阻止孩子探索世界的脚步……这样的家庭教育模式并不鲜见，但真的对孩子有益吗？

有人曾这样问过 2012 年重庆市永川区高考理科状元、清华大学工业工程专业学生周倩的父母："如果你们也像大多数望子成龙、望女成凤的父母那样，给周倩量身定制一个'北大清华成长路线图'并'按图索骥'的话，周倩会考上清华大学吗？"周倩的父亲周曾奇的回答是："根本不可能。"他说，不要对孩子要求太多，健康、善良、快乐比北大、清华更重要。

也有人研究过一些孩子，他们从小在父母的"高要求"之下，很努力地达到父母的目标，因此很小就成为大家眼里的"神童""小天才"。但随着年龄的增长，父母所给压力的增大，他们往往由"人尖子"慢慢滑到了普通人的水平。部分"神童"虽然还保有优秀的成绩，但只会"埋头苦读"，适应了"两耳不闻窗外事"的封闭式生活，长大后难以适应社会、无法与他人交流，甚至顶着"高分低能"的"头衔"，连一份普通的工作也难以找到……

这一正一反两个事例说明，"三高家庭"很难培养出优秀的孩子，只能让孩子承受巨大的压力，使孩子产生心理负担。相反，要想让孩子取得优异的成绩，就不能给孩子制造压力，也不要对孩子过多关注，应给他一个轻松的氛围，让他自由发挥。

一个年仅 11 岁的孩子离家出走了。家人奔波数日找到他之后，忍不住责问他为什么要这样做。孩子的回答令在场的人都惊呆了："不管我多么努力，在妈妈眼里我都是一个失败的孩子。她对我永远不满意。"如此悲观的想法竟然深深地埋藏在孩子的心里，并且在这种压力下做出了离家出走的极端行为，可想而知，他的妈妈平时给孩子的压力有多大。

通过调查，大家才逐渐了解了这位妈妈平时对待孩子的态度：妈妈是一位高校教授，平时工作很忙，但对孩子的要求和管理却一点儿都不放松。她将"青出于蓝"四个字写在孩子的书桌前，不断用此期待来鞭策孩子。她对孩子的要求是，每天必须完成作业、复习、预习三件事，否则不准睡觉；每次考试必须取得年级前三名，一次拿不到就要写检讨、写保证书；在上初中以前必须有自己的"两技之长"——学好钢琴和绘画。孩子说，自己从来没有感受过真正的"星期天"是什么滋味，永远都处在不断地学习、被监督和检查的循环中。于是，逐渐产生了想摆脱这种"牢笼"的想法，到外面过几天"自由"的生活……

如今，很多孩子小小年纪就处在高压之下以及不快乐的气氛之中，甚至部分孩子有抑郁的倾向，这当然不是父母们的初衷，却实在是受了父母"高压政策"的影响。曾经有位高中辅导老师把美国心理学家、"正向心理学"创始人马丁·塞利格曼的"忧郁量表"拿给全校学生做，结果发现有 70% 的学生处在忧郁症边缘。忧郁症的特征之一是沮丧，在困境面前无能为力时，自信心就会崩溃。这不正是父母们将孩子的目标设立得过高的直接后果吗？

可见，父母千万不要把自己的高愿景强加在孩子身上，这除了会给孩子造成过高的压力、导致心理出现问题之外，不会对孩子的成长有任何益处。这种"只许成功、不许失败""只要第一、不要第二"的教育方法，将会给孩子造成多种负面影响：胆怯、自卑、自负、输不起、经不起挫折、交际能力差、眼界狭窄、情绪低落……

还是回到周倩的事例当中。从小学到初中，再到高中，周倩的父母并没有强迫她读多少书、上多少课外辅导班，只是尽力给她营造一个快乐的家庭氛围，给她自由发展的空间。就连高考的时候，父母也没有想过请两天假陪孩子去考试。他们只是淡淡地对周倩说："你就当作一次作业。就算考差了，爸爸妈妈也不怪你。你只要努力了就好。"周倩的父母是愚昧、没有了解到高考的重要性吗？不是。相反，他们是最聪明的父母，他们说："陪孩子去考试、鼓励孩子一定要考好，都只能给孩子制造更多的压力。"看到这里，我们也许就会明白，周倩的优秀绝非偶然，正是她的父母懂得给她一个自由、快乐的成长空间，她才能放开手脚发挥，让自己的能力不断地提升。

可见，父母教育孩子，要有一点儿"欲擒故纵"的智慧，即使内心盼望他成才，嘴上也偏偏要告诉他"不强求，努力就好"。因为孩子也是一个"弹簧"，适度的"压力"，可能会使他反弹得很轻松、很高；但如果施压超过了他本身的承受力，那他就无法再强力弹起，久而久之，可能会失去原来的弹性，也就失去了"反弹"到高处的可能。

父母小贴士

　　为父母者，应该懂得给自己的期待松绑，别把自己的期望强加在孩子身上；也应该懂得为孩子松绑，给孩子一片可供飞翔的天空，让他自由发挥。凡事欲速则不达，过分期待反而会"竹篮打水一场空"。用心浇灌，静静等待，总有一天孩子会交给你一份充满惊喜的答卷。

5. 家庭战火，"劫后余生"的孩子不好过

　　心理学家穆雷·鲍文曾经提出过一个重要的理论，即三角理论：当一个由两个人组成的系统出现问题时，就会自然地将第三者扯入他们的系统之中，以减轻二人之间的情绪冲击。这也就是为什么当一个孩子在面对不和的父母时，经常会被动地卷入"战争"中，形成矛盾的三角关系。

　　大家常说："天底下没有不吵架的夫妻，但真正有感情的夫妻是吵不散的。"所以，很多夫妻将吵架作为生活的调味剂，甚至当作婚姻生活中的一种习惯性因素，时不时就拿出来证明一下彼此互相"重视"。他们也许觉得，偶尔吵吵"无伤大雅"，甚至还能加深彼此的感情。但如果你们打算要孩子，或者说已经有一个可爱的"爱情结晶"，那就一定要管住吵

架的嘴——至少不要在孩子面前争吵。

不管父母缘于什么事情而吵架，也不管这是否危及他们的婚姻关系，在孩子看来，吵架就意味着父母的感情不和，这将直接影响孩子的心理健康和智力发展。

首先，父母经常吵架，孩子的情绪会受到强烈的冲击，产生过多的消极情绪，比如恐惧、悲伤、无助等。孩子的心灵是脆弱的，当看到两个最信任、最依赖的人，用高八度的嗓门大喊大叫，彼此怒目而视、口出狠话，哪个孩子能不害怕呢？心理学研究表明，孩子如果长期处于不和睦的家庭之中，处在害怕的情绪之中，性格就会逐渐变得扭曲，表现为情感冷漠、对他人缺乏信任、对外界事物丧失兴趣、爱发脾气、性格内向且压抑等。在这样的环境下长大的孩子，成年后还容易误入歧途。

其次，父母总是吵架，就给孩子提供了一个攻击性行为的坏榜样。生活中，我们常常看到很多孩子喜欢用暴力解决问题，小小年纪就总想靠着攻击别人来占据上风。心理学研究表明，这种攻击性行为其实都是模仿来的。而模仿的主要来源，就是父母的行为、暴力影视节目等。很多父母都很注意保护孩子不受暴力节目的影响，但却经常在生活中上演"暴力秀"。试想，父母在吵架的过程中，往往不是合理的争论，而是失去理智地大吵，会说出许多刻薄的话、粗鄙的话，甚至大打出手。而孩子的模仿能力是很强的，他们会记住父母吵架时的神态、眼神、语气、姿势，甚至打人的手法。日后，他们就有可能在和同伴的交往中，将这些记忆中的东西真实地"演示"出来。

墨墨今年上小学二年级，她所在的班集体气氛活跃，同学之间的关系也不错。但老师却发现，墨墨很胆小，总喜欢一个人坐在自己的位置上，很少跟同学交流，上课也很少主动发言。当她看着别人的时候，总是一副怨恨的眼神，好像在嫉妒别人为什么那么快乐；而当同学们过来叫她一起玩的时候，她的眼神又变成了抗拒，身子一缩，就算是回应了。

这天，有个同学来告诉老师，墨墨没上体育课，大家满操场找她都找不到。老师有点儿担心，就回教室去寻找。当老师走近教室门口的时候，居然看到墨墨坐在角落里，一只手抱着一只玩具熊，另一只手指着它的鼻子，狠狠地说："你活该！活该挨骂！你就是这么不负责任！"老师吓了一跳，小熊没有尽到怎样的"责任"才会被墨墨这样骂呢？老师心里犹豫了很久，决定做一次家访。

然而，就在约好的这一天，老师来到墨墨家时，竟然在门口听到了类似的争吵声——墨墨的爸爸和妈妈在大声争执，妈妈不停地指责爸爸"没有责任心"那口气，和墨墨那天的"自言自语"如出一辙……

父母是孩子的第一任老师，孩子的温柔、懂事是父母教出来的；孩子出现了暴力行为，父母同样脱不了干系。当孩子从父母那里看到了太多的吵架、谩骂、大打出手，就会将这当作与人交往的基本手段，他们将来与外界沟通的方式也会以这样的形式为主。所以，父母应尽量杜绝当着孩子的面而争吵；否则也要在事后弥补，尽量减轻争吵给孩子带来的负面影响。

比如，父母吵完架之后，看到孩子因此受了惊吓，就一定要当着孩子的面和好，明确地向孩子表明，吵架的事情已经过去，并承认吵架不是解决问题的最好办法，爸爸妈妈以后尽量不再争吵。这样，孩子就会对吵架有一个正确的认识，不会轻易去模仿父母吵架的行为。

又如，当孩子目睹了父母吵架的"凶悍"场面之后，父母不妨鼓励孩子将自己的感受说出来。一般情况下，孩子的感受都是以害怕为主。但这也分两种情况，有的孩子会害怕父母吵架时凶狠的样子、紧张的气氛；有的孩子更加敏感一些，会把父母吵架的原因揽到自己头上，害怕是因为自己不乖，甚至会害怕父母不要自己。这时，妈妈要向孩子解释清楚，吵架并不是因为孩子的错，而是爸爸妈妈之间一时无法控制情绪的结果，不会影响他们对孩子的爱。妈妈只要能够平静地安慰孩子，孩子的情绪就会逐渐平静下来。

当然，所有的补救方法都只是不得已时的选择，"先争吵、再补救"永远是下策。父母应该尽量选择和平、理智的方式沟通，给孩子一个轻松、温馨的环境，这才是对孩子成长最为有利的。

父母小贴士

　　父母争吵不断的家庭，就像是一个充满战争的国家，孩子永远感受不到安全感和爱，身心自然难有良好的发展；而民主、和谐、温馨的家庭，则是孩子健康成长的最肥沃的土壤，能给孩子的成长提供最体贴的保护和最好的环境。

6. 抚平"单飞"给孩子带来的伤痛

　　一位心理学家说过："家庭不仅是个人生活的起点，也是人格形成的源头。婚姻家庭关系越牢固，教育子女的条件就越好。"可见，和谐、完整的家庭是孩子心理正常、健康发展的前提条件；相反，一个没有稳固家庭的孩子，思想上、行为上很容易出现这样或那样的问题。

　　对于孩子来说，一个家中有爸爸、妈妈，再加上自己才完整，才是一个充满安全感和欢乐的家庭。父母之中，无论少了哪一个，对孩子都是一个很大的打击。虽然天下所有的父母都明白这一点，但当婚姻遇到某种障碍无法跨越的时候，还是有很多人选择了"劳燕分飞"。在这种情况下，孩子所受到的伤痛是显而易见的，但又是不可估量的。

　　有关方面的调查显示：75%以上的双亲家庭子女承受能力较强，存在心理障碍的只占1.2%；而单亲家庭子女经常处于情绪不稳定、心理不平衡的，则占了61.43%。另外，单亲家庭子女人格障碍的患病率高达11.76%，是双亲家庭子女的5.9倍。

　　看完这组触目惊心的数字，再来看看孩子具体会受到哪些方面的心理伤害。

第一，恐惧。家庭破碎后，孩子最先产生的感觉就是恐惧。曾经生活中最为依赖的两个人，如今反目、各自一方，孩子既伤心，又不知该如何自处。对于他们来说，不仅害怕以后没有爸爸或者没有妈妈的生活，更为担心的还是以后的生活状况：我以后还能见到妈妈（爸爸）吗？要是去见妈妈（爸爸），爸爸（妈妈）会不会生我的气？爸爸（妈妈）会不会给我找一个继母（继父）？继母（继父）会打我吗？原本安定的生活破碎了，日后的生活又不可预知，这些都会形成孩子内心深处的恐惧。

第二，自卑。几乎每个单亲家庭的孩子都会有自卑情结，只不过有强有弱而已。对于孩子来说，父母离异，家庭生活的骤变，会让他们有一种失落感，以及对自己的否定感。他们会认为自己是不值得别人爱的、是被抛弃的，进而觉得自己各方面都不如别人。这种观念与思维上的改变，会导致孩子自信心的丧失。

第三，性格的转变。经历过父母离异的事情之后，即使是曾经爱闹爱笑的孩子，很多也会变得沉默寡言。因为孩子原本的生活是无忧无虑的，而骤然经历变故，他们一方面悲伤、害怕，另一方面对未来忐忑不安，心中有了太多的担忧和顾虑，自然不会再如从前般乐观、开心。

离婚这件事本身就已经给孩子带来了无法弥补的伤痛，但还有很多父母会在离婚后做出一系列错误的举动，像是在孩子受伤的心灵上再撒上一把盐。比如，有的人离婚后，就断绝孩子和另一方的来往，并在孩子面前把对方贬得一无是处，这是许多单亲家庭孩子性格偏离正常轨道的一个重要原因；有的单亲家长从内心就认为自己的孩子"可怜"，经常说"孩子缺少父爱（母爱）"之类的话，给孩子的心灵罩上阴影；很多单亲家长觉得离异是对孩子的亏欠，于是便用溺爱的方式来弥补孩子，这样，孩子除了自卑、沉默之外，还会形成任性、自私等性格……可见，单亲家庭的孩子，所受的伤痛并不只来源于离婚本身，父母不正确的教育方式，会给孩子的心灵造成更大的伤害。

那么，单亲家长如何引导孩子，才能让孩子所受的伤害降到最低呢？

首先，一定要让孩子明确地知道，父母仍然爱着他。父母离异后，孩子最大的担忧就是父母不会继续爱他了。单亲家长要让孩子明白，父母双方对他的爱是不会变的，并要经常性地用语言和行动表达对孩子的爱，也要让另外一方定时陪伴孩子，直到孩子的这种担忧逐渐消除。

其次，要让孩子知道，离婚是因为父母不再相爱，是大人的一种选择，并不是谁对谁错的结果，更不是因为孩子"不乖"。同时，抚养孩子的一方不要在孩子面前咒骂、责怪另一方，相反，要告诉孩子对方的好、对方是怎样爱孩子的。这样，在孩子心中另外一个人的形象才不会倒塌，孩子内心也不会过于缺乏自信和安全感。

再次，无论抚养孩子的是父亲还是母亲，都要承担起另一方的责任。一般家庭中，父亲负责孩子的智力开发和勇气的培养，而母亲则扮演温柔和保护的角色，双方共同培养的孩子才是健康的、快乐的。所以，当双亲家庭变成单亲家庭的时候，抚养孩子的一方要适当改变自己，担负起原本属于另一方的责任，让孩子的人格发展得更加完整。

最后，一定要注重培养孩子的自信心。单亲家庭很容易让孩子产生自卑心理，而这会影响孩子一生的发展。因此，孩子自信心的培养必须是单亲家庭的首要目标。这就要求，抚养孩子的一方，不要因为愧疚而娇惯、溺爱孩子，要让孩子做力所能及的事，在不同的年龄段承担相应的家庭责任。孩子的能力高，自信心也会跟着增强。另外，多为孩子交朋友、接触社会创造机会，让孩子在与社会、与他人的融洽相处中获得自信。

当然，单亲家长也不要过于担心离异会给孩子造成过于严重的负面影响。只要掌握了正确的教育方法，孩子一样能够健康、优秀。历史上，很多著名的思想家和成功者，有相当一部分就生长在单亲家庭中。

山姆·门德斯成长于一个单亲家庭，也是蜚声海内外的电影导演。由他导演的《美国丽人》荣获了奥斯卡最佳导演奖。在颁奖典礼上，他的右手牢牢抓着奥斯卡金像奖奖杯，而左手则扶着他母亲瓦莱丽的肩——他要让母亲和他一起感受人们的欢呼。致言的时候，门德斯激动地说，是母亲让他坚定了坚持不懈的决心，是母亲的无尽推动力使他成为最优秀的导演。

门德斯出生在英国，5岁时父母离异，母亲独自抚育他长大成人。他深情地回忆道，当他请求担任电影导演的第70次申请遭到拒绝时，母亲花了很多时间陪伴在他身边，倾听他绝望的心声、抚慰他内心的伤痛，并鼓励他不要放弃、继续努力。门德斯的同事、导演蒂姆·弗思也说："门德斯的母亲是他的精神支柱、他的避风港、他信心的创造者。"

单亲家庭并不可怕，可怕的是孩子在单亲家庭得不到正确的、良好的教育。单亲家长要相信，如果引导得当，单亲不一定会成为孩子的"痛"，反而可能让孩子更早地成熟、懂事，具有更坚毅的内心，更快地获得人生的成功。

父母小贴士

父亲、母亲、孩子，这三者组合在一起是一个稳固的三角形，所以完整的家庭能给孩子安全感和爱的感受。因此，离异家庭要想让孩子所受的伤害降到最低，就尽量让这个"三角形"保持完整。也就是说，离异之后，不要让孩子感觉到父爱或母爱的缺失，不要让孩子感觉到父母性情变得冷漠，另外也不要让他们觉得自己"可怜"、需要被迁就和纵容。尽量让环境的变化降到最小，就是单亲家庭对孩子最好的保护。

7. 让孩子学会适应，轻松搞定各种处境

很多人可能不知道，其实蟑螂和恐龙是生活在同一时代的动物。但是为什么恐龙早早就灭绝了，而蟑螂却能一直生存到今天，还被人们戏称为"打不死的小强"呢？原来，那个时代的环境发生了变化，恐龙无法改变自己而去适应环境，结果灭绝了。而蟑螂之所以到今天还存活着，是因为它们懂得改变自己，才让自己的生命得以繁衍，从而成就了一个生命的奇迹！这一事实告诉我们，适应环境能够让一个人变得顽强，这一能力在人的一生中具有重要作用。

生活中我们常看到下列现象：有些孩子很"宅"，只习惯待在自己家里，妈妈带他去串个门儿，他都表现出强烈的不自然和拘束，一刻不停地拉妈妈的手，要求回家；有些孩子属于典型的"上学难"，每天上幼儿园之前都要上演一场"哭闹大戏"，到了幼儿园也很难和小朋友玩到一起；有些孩子甚至到了小学、中学，还很怕离开家，平时在学校也无法融入同学之中……这些孩子都有一个共同的问题，就是适应性比较差，平时和熟悉的人沟通毫无问题，在自己家里待着也很活跃，但就是无法适应陌生的环境，到了新地方就会情绪低落，很难和新环境里的人打成一片。

在竞争激烈的今天，无法适应新的环境，或者适应环境太慢，会成为孩子日后工作、生活的一大阻碍。最晚到大学，孩子就要经历寄宿生活，日后走上工作岗位后还可能会面对合租生活，如果无法和同学、室友、同事搞好关系，个人的生活感受首先就是不愉快；而无法快速适应环境，也有可能影响孩子的学业以及进入职场后的发展。所以，父母必

须注重培养孩子适应环境方面的能力。

能够快速适应陌生环境的人，通常是比较独立的，即使在家庭生活当中，也不会过于依赖父母或其他亲人。而那些从小到大除了上学几乎没离开过父母的孩子，往往独自面对陌生环境时都会不太适应，或者不太有信心。所以，父母要尽早培养孩子的独立意识，适当地和孩子分离，让他多和其他亲人、小朋友在一起。孩子经常见到陌生人，和他们交流、进行活动，这种"场面"见得多了，自然不会再害怕不熟悉的地方和人。假如父母总是将孩子揽在自己的怀中，孩子就容易染上"分离焦虑症"，对于没有父母的环境心存不安，不想在新环境中独自生活。

小时候，颜颜很不喜欢出门，有时妈妈带她到亲戚家或者朋友家去玩，她都会觉得很拘束，好几次都眼含着泪让妈妈带她回家。别人来到自己家时，她也总是躲在妈妈身后，不敢和别人打招呼。妈妈觉得这样下去对颜颜的成长很不利，就决定多带她出去玩一玩。

于是，妈妈经常带着颜颜到公园、游乐场等人多的地方去玩，还坚持每天傍晚都带她到小区广场上去玩一会儿，让她和别的小朋友、陌生的叔叔阿姨说说话。后来，颜颜跟隔壁家的一个小女孩成为好朋友，两人经常一起玩，小女孩还主动邀请颜颜到自己家里玩。妈妈每次都很开明地批准，有时还会借故先回家，等到吃饭的时候再来接颜颜。几次下来，颜颜那种一到陌生环境就紧张拘束的情绪减轻了很多。妈妈再带她去亲戚家，她也表现得自然多了。

后来，颜颜该上幼儿园了。妈妈把她送过去的第一天，看到有不少孩子都在哭，拉着妈妈的衣角不让她们走，但颜颜却没有"反抗"的意思，很乖地将小手放在老师手里，跟着老师进教室了。

一周后，幼儿园的老师告诉妈妈，颜颜在幼儿园适应得很好，已经和小朋友们打成一片了。

让孩子多和人接触，重点在于让孩子"独立"地去和他人打交道，否则，这种接触给孩子带来的正面影响是很微小的。因此，孩子独自出门也好，自主地交朋友也好，父母都要秉承着尊重的原则，不要过多地干预，否则孩子的适应能力就无法得到提高。不过，父母必须要做的是，教给孩子要关爱别人、尊重别人，遇事学会忍让，注重和他人的交流。这对孩子独自适应环境是很有好处的。

要想增强孩子适应陌生环境的能力，父母还要注意培养孩子正确的心理认知。有的父母出于对孩子的保护，可能会告诉孩子世界丑陋、危险的一面，以让孩子独自面对陌生环境的时候要多加小心。这种提醒是必要的，但如果父母过于渲染丑恶面，就会让孩子对除了家庭之外的环境都产生惧怕心理，这势必会削弱孩子对环境的适应能力。

在孩子与外界接触的过程中，还有的父母会过于"偏向"自己的孩子，这对孩子将来独自适应环境也是没有益处的。比如，孩子转到了一所新学校，由于和同学不熟悉，也不熟悉老师的教学方法和进度，孩子情绪显得有些低落。这时，有些父母并不是鼓励孩子去和同学、老师主动交流，而是出言责怪老师或同学，怪他们不懂得照顾新来的学生，那么孩子就会变得更孤僻、更"懒于出手"，也会觉得自己应该等着别人主动来"示好"。父母这种将原因都怪在客观环境上的态度，只能让孩子的适应能力变得更弱。

有一只乌鸦打算飞往他乡，途中遇到一只鸽子，它们俩停在同一棵树上休息。鸽子看见乌鸦一脸伤感，就问乌鸦为什么要背井离乡地飞往别处。乌鸦伤心地说："其实我也不想离开这里，可是这里的人都不喜欢我的叫声，都驱逐我，所以我没有办法，只得离开。"鸽子说："你也别费力气了，如果你不改变自己的声音，无论你飞到哪里，别人都会驱逐你的。"乌鸦不以为然地飞走了，但果真像鸽子说的那样，它无论在哪里叫，都会被驱赶。

这个小故事告诉天下的父母，孩子虽然被自己所宠爱，但终究无法让整个世界都宠爱他。让孩子保持快乐的方法，就是教他改变自己、调整自己，努力适应每一种环境。这样，孩子每到一处，就都能是快乐的、自在的。

父母小贴士

适应，是人类生存的一种基本技能。社会不会为任何人而改变，但它对于那些适应能力强的人来说，处处是机会、处处是顺境；而对于那些适应能力差的人来说，哪里都是坎儿、事事都不顺。斯长里说过这样一句话："要想取得成功，就得顺应潮流，切不可不知变通地逆流而动。"

第三章

雕塑品格，
给孩子打好心理底子

19 世纪德国著名天才卡尔·威特说："无论你希望孩子长大后成为怎样的人，首先他应该是一个品格高尚的人。"的确，品格决定着孩子的一生，它比所谓的天赋、知识和分数都更加重要。如果一个人的品格不好，即使他能力再高、知识再渊博，恐怕也难有良好的生活和工作氛围，难有真心的朋友、美丽的爱情。所以，父母要谨记，要想让孩子拥有最好的命运，首先要塑造孩子良好的品格，包括诚信、勇敢、独立、自信、宽容、勤劳，等等。

1. 一定要培养出受益一生的自信

美国职业橄榄球联会前主席杜根曾指出："强者不一定是胜利者，但胜利迟早都属于有信心的人。"杜根的这一观点，后来被人们归纳为"杜根定律"。也就是说，信心是决定成败的关键，只要拥有自信，就能最终获得成功。

其实，"杜根定律"所说的"成功"，并不单纯指事业上的。要知道，对于一个自信的人来说，人生的方方面面都会体现出"成功"：做人的成功、与人相处的成功、生活的成功、事业的成功、心灵的成功……因此，对于一个人来说，自信带来的成功是全方位的、终身性的。但无数事实也表明，自信是最难得的品格之一，如果不是从小培养起来，那么一个人要靠自己的努力自信起来是很困难的。所以，这就告诉所有的父母：一定要从小培养孩子的自信。

自信是孩子成才与成功的前提条件，也是孩子快乐的保障。自信的孩子对自己和周围的事物往往有正确的认识，有自然、主动表现自己的勇气，对所处的环境也有较强烈的安全感。而一个缺乏自信、充满自卑的孩子，即使本身智商很高，也会由于不能肯定自己、不敢表达自己，而处处遭遇难题。自信的孩子也是快乐的，他们心中没有太多隐忧，不会无缘无故惧怕周边环境，因此他们不管在哪里，总是能感觉到踏实与轻松；不自信的孩子则总是畏首畏尾，担心别人看到自己的不足，担心受到大人的呵斥，因而难以拥有轻松、无忧无虑的感觉。久而久之，自信的孩子会更加自信，自卑的孩子则越来越自卑。对比两者的人生质量，孰高孰低显而易见。

那么，父母如何培养孩子的自信心呢？主要的方法就是对孩子多激赏、表扬，尽量少批评。孩子的人生观和世界观尚未完全形成，可塑性很强。而对于生活圈相对狭小的孩子来说，父母对他们的影响又是最大的。如果父母能够经常夸奖、表扬孩子，孩子就会认为自己是有能力把事情做好的，并会不断向着被表扬的方向努力。如此一来，孩子就会表现得越来越自信。相反，如果父母总是以讥笑、嘲讽的口气评价孩子，那么孩子的内心也会认同这种消极的看法，从而怀疑自己的能力，变得越来越不自信。

近年来很多教育方面的专家都提倡"激赏教育"，就是建议父母多对孩子竖起大拇指，多以表扬的方式来激励孩子，多说"你真棒""你能行"，别把"你做不好""我来吧"放在嘴边。要知道，这两种不同的教育方式产生的效果也是截然不同的。

例如，你看到孩子不断地蹦跳，并听到他说"我要跳到月球上去"，你会做何回答呢？有的父母可能会说："别做梦了，你又没有翅膀，又不是宇航员！"也有的父母可能关心更加实际的东西："别跳了，衣服要弄脏了。"无论是上述哪一种回答，其实都是对孩子自信心的一种打击。而美国沃帕科内塔小镇的一位妈妈听到了孩子这样的"胡话"，立刻回答道："好的！但不要忘记回家吃饭！"30年后，这个小孩成为第一个登上月球的人，他就是美国著名宇航员阿姆斯特朗。

相反的例子也比比皆是。曾经有一位记者到美国某座监狱采访一名偷窃、抢劫成性的罪犯。当记者询问是什么样的心理让他一而再地犯错时，他说出了埋藏心中多年的一段话："我的父亲是个酒鬼，他很少回家。有一次我看到他，很高兴地告诉他，我长大了要当一名科学家。他却哈哈大笑，说'假如你能当科学家，我就是英国国王'。接着还打了我一巴掌，让我不要做梦、胡说八道。从那之后，我就再也没有提过'科学家'三个字。我觉得学习也没什么用处，就辍学了。我抱着破罐子破摔的心态在街上流浪，慢慢发展到偷钱、抢钱……"

孩子接触的小天地是很狭窄的，他们对事物的认识，很多都来源于父母的"言传身教"。父母是肯定还是否定、是批评还是表扬，都有可能影响甚至决定孩子的一生！可见，父母和孩子沟通时，一定要"三思而后言"，不要轻易打击孩子的自信心。

先先和妈妈在楼下玩，碰到邻居阿姨带着牛牛在玩足球。牛牛很热情，把球踢给先先，让他传过来。先先是第一次接触足球，一时不知道怎么应对。先先妈立刻不好意思地笑着，对牛牛妈说道："这孩子在家玩水球、玩玩具，都可欢腾了。一碰到足球就傻眼了。看来这孩子是踢不好足球了。"妈妈的话落到了先先的耳朵里，先先更不敢碰那只球了。

后来，先先每次在外面看到别的小朋友欢快地踢球，都很是羡慕。但他一想到妈妈说的"这孩子是踢不好足球了"，就害怕自己出丑，不敢加入踢足球的队伍。

这个例子告诉我们，孩子的内心是十分敏感的，他们通常不会分辨哪些是爸爸妈妈随口说的话。只要是大人的话，都会对他们的认识产生很大的影响。因此，父母在孩子面前说话时，千万不要像和朋友、其他家人一样随意，有时一句不经意的玩笑话，也可能被孩子牢牢记在心里，进而影响孩子的认知。

孩子与生俱来就有性情之别，却没有能力之分，孩子所有的技能都是在后天培养起来的。而支撑孩子不断学习的力量，就是那股相信自己的信念。好的教育应该千方百计呵护孩子的自信心、培养孩子的自信心，千万别让孩子被你亲口打击得"低到泥土里"。

父母小贴士

每个鲜活的小生命都像一支燃烧的小蜡烛，闪烁着思想的火光。父母的激励、赞赏就像微风，能够让孩子的生命之火越烧越旺；而批评、奚落、贬低则像一盆冷水，会浇熄孩子的热情，毁灭孩子思想的生命力。

2. 让孩子有主宰自我的能力

美国社会心理学家哈罗德·西格尔有一个出色的研究：当一个问题对某人来说很重要时，如果他在这个问题上能使一个"反对者"改变意见而和自己保持一致，那么他宁愿要那个"反对者"，而不会要一个"同意者"。这在心理学上被称为"改宗效应"。它启示我们：没有是非观念的人，会给人一种没有能力的感觉，因而容易被人瞧不起；而敢于直言是非的人，会有一种感染力，因而最终多半能得到人们的喜爱。

"改宗效应"其实表达了这样一个中心思想：做人一定要有主见。相对于顺从、附和、讨好来说，能够有自我观念的人更能得到别人的喜欢，使人乐于亲近。这也就给父母提出了一个要求：一定要将孩子培养成一个有主见的人。

不过，实际生活中，很多孩子可能表现出来的是没有主见的一面：吃什么、穿什么都要询问父母的意见，自己没有任何想法；玩什么、怎么玩，也都要父母来做主；甚至有的孩子已经上了学，学校组织一个很小的活动，都要回来问问父母能不能参加……

孩子本来是一个独立的个体，是什么原因导致他们变成了没有主见的"小应声虫"呢？这里面有主观原因，也有一定的客观原因。从主观方面来讲，孩子喜欢模仿，幼时又有很强的依赖性，所以做事时常常表现出盲从的一面，也就是过于"听话"。从客观方面来说，父母很容易将自己当成孩子的权威，习惯于替孩子包办一切，再加上有些父母可能比较专制，不爱倾听孩子的想法，这就有可能导致孩子产生畏惧和服从的心理，对父母的决定唯命是从。另外，如果父母对孩子关注过多，也会引发孩子的关注焦虑，这很容易导致孩子心态的冷漠和缺乏主见，同时也难以养成主动思考的好习惯。

父母一旦发现孩子没有主见，就一定要改变自己的沟通方式和教育态度，有意识地培养孩子主宰自我的能力。

既然孩子缺乏主见的主要原因是习惯服从父母的决定，那么父母就要多创造让孩子自己做主的机会。生活中的一些小事完全可以交给孩子自己做主，比如让孩子自己决定穿什么衣服、玩什么游戏、过生日时请哪些小朋友。某些大事也可以让孩子参与进来，比如客厅怎样整理会显得更整洁、孩子自己的房间怎样布置。如果孩子所说的可行，父母就应该尽量采纳孩子的建议。这样一来，孩子主动思考和自行决定事情的自信心就会增强，以后会更加积极地对待事物。平时看电视，或者听说某个新闻的时候，父母也可以多和孩子探讨，经常问孩子："如果这件事情发生在你身上，你会怎样做？"父母这样有意识地引导孩子去思索问题，久而久之，孩子就会慢慢养成一个良好的思维习惯，从"无主见"变成一个"有主见"的人。

很多孩子遇到事情，就会习惯性地去问父母怎么解决。这时，父母应该区分情况，如果是无关紧要的小事，就直接告诉孩子让他自己决定；如果是孩子自己无法判断、决定的事情，父母就要启发孩子思考，再引导他做出正确的决定。同时，父母也要让孩子明白，很多事情没有唯一的答案，只要孩子经过思考，确信自己的做法或观点是正确的，那就应该勇敢地按自己的想法做事，而不要随意被周围人所影响。

父母还需要注意的是，如果你的孩子比较有主见，或者在某些时候表现出很有主见的样子，那么一定要尊重孩子、成全孩子，千万不要专制地强迫孩子按照自己的想法来做事。否则，孩子独立思考的意识就有可能被父母"吓"回去。泰戈尔曾经说过这样一句话："我绝不能劝告你们总是走我的老路！我在你们这个年纪的时候，也曾把船解开，让它从码头漂出去，迎接狂风暴雨，谁的警告都不听！"对于父母来说，这句话可以作为教育孩子的箴言，用来提醒自己，不要干涉孩子的自由。退一步说，即使孩子的想法明显是错的，父母真的无法接受，也必须表扬孩子，让他明白勇于提出自己的见解是值得鼓励的行为。

李开复在写博士论文时，在选题的问题上和导师产生了分歧，他发现导师让他用专家系统做语音识别是有严重局限性的，而用统计学做语音识别系统却可以使问题迎刃而解。于是他鼓足勇气向导师说出了自己的想法。李开复本来以为导师会否定他的想法，但导师却说了一句让他铭记一生的话："我不同意你，但我支持你！"并且在后来的研究过程中，导师倾尽全力帮助他。也许正是导师的宽容和支持，成就了李开复博士论文的成功。如果导师当时坚持个人意见，恐怕今天人们就无法享受这项研究成果了，李开复也可能不会在学术上充满信心，不断取得更新、更高的成绩。

孩子不是父母的附属品，而是一个独立的个体，在不久的将来还要独自面对人生。因此，父母对孩子最好的爱，不是事事都帮他做、帮他思考，而是教给他自己行动的能力。这种能力的前提，就是一定要有主见。有自己想法的人、敢于将自己的想法付诸实践的人，才有可能获得美好的人生。

父母小贴士

什么是"主见"？就是要在自己的世界里做"主角"。很多父母以爱孩子为名义，帮孩子决定了太多事情、做了太多事情，孩子俨然成了自我人生舞台中无关紧要的人，又怎么会有主见呢？所以，聪明的父母，就要懂得适当退出孩子的生活，做一个"配角"。这样，孩子才有机会做自我生命的主宰者。

3. 给孩子一副勇于承担的肩膀

纵观各个领域的成功人士，他们也许并非都有过人的智商、过硬的背景，但他们都有一个共同特点，那就是勇于承担责任。只有遇事不推诿、肯往自己身上扛的人，才能发挥自己最大的能力去解决问题；那些习惯把责任推到别人身上的人，恐怕一生都难当重任。正如拳击手刘易斯所说："尽管责任有时使人厌烦，但不履行责任，只能是懦夫，是不折不扣的废物。"

在一个人的成长过程中，需要学会的东西很多，其中学会承担责任，是塑造个人良好品格必不可少的一项。对于每一个人来说，责任感都是安身立命的基础。正如奥地利心理学家维克多·弗兰克所说："每个人都被生命询问，而他只有用自己的生命才能回答此问题，只有以'负责'来答复生命。因此，'能够负责'是人类存在最重要的本质。"所以，孩子一旦具备了某些能力的时候，父母就要教育他们应担负相应的责任。

但在现实生活中，我们看到的更多的是不会负责任的孩子。比如，有些孩子很难将一件事情从头做到尾；有的孩子对别人，甚至对同学、家人都漠不关心；也有很多孩子在家里什么都不做，俨然一个"甩手小掌柜"……这些都是孩子缺乏责任感的表现。而孩子之所以在这些方面表现得很"自我"、很"浮躁"，还是因为父母长期以来的教育方式不恰当。

很多父母心疼孩子，家里的活舍不得分给孩子一点儿，自己多累都要把家务全部包揽在身上，孩子则在旁边悠闲地玩耍；孩子吃饭时把桌子上的碗碰翻了，妈妈却怪自己没放好；孩子被绊倒了，父母赶快哄，动不动就说"地板坏、坏地板"；孩子第二天去春游，妈妈替孩子整理吃的、用的还不算，还要一早上叫三次，生怕孩子迟到……也许很多父母认为这很正常，但从教育孩子的角度来说，父母这是在剥夺孩子的责任感，把孩子肩上的责任统统挑到了自己肩上。一位西方儿童心理学家针对这一现象，曾经大发感慨："我不能理解父母们为什么要教育他们的孩子推卸责任。一个不懂得承担责任的人是不会有任何出息的！"

做父母的应该懂得，从孩子出生那天起，他就是一个独立的个体；到他稍微有能力了，他就要逐渐承担自己人生中的责任。对于一个孩子来说，他的成长不仅是指身体和智力方面，人格和人品方面也十分重要。父母必须给孩子提供正确、良好的引导，让孩子有意识地为自己的人生负责。

多多盼星星、盼月亮，终于盼到了儿童节——妈妈要带他到游乐场去玩了。和以往不同的是，妈妈不再到一处买一张票，而是将碰碰车、划船、旋转木马等好多票一下子买齐了，并交给多多保管。多多握着一堆票，兴高采烈地"征服"着每一个地方。

谁知，才玩到一半的时候，却发现原本攥在手里的票不见了。他摸遍了全身，还到自己走过的路上仔细找了一遍，但还是没有找到。看着多多那急切又渴望的眼神，妈妈犹豫了一会儿，还是决定不再重新给多多买票。她故作轻松地说："找不到就算了。妈妈今天带的钱只够买今天的票，找不到就下次再玩。下次多多一定要记得把票拿好。"多多虽然有些不开心，但还是顺从地点了点头。

暑假来临的时候，在多多的央求下，妈妈又带他来到游乐场。还是老规矩，妈妈买了很多票，让多多负责看管。这一次，多多很细心、很尽责，他把票放在最深的那个口袋里，在玩一些比较"刺激"的游戏时，还会紧紧捂住自己的小口袋。妈妈看了，很是安慰，心想上次那一课总算没有白上。

生活中，很多父母不会将票据等东西交给孩子看管；偶尔让孩子负责一件事，孩子搞砸了，自己就忍不住会去训斥孩子。这样的话，孩子不是没有机会"负责"，就是"负责"的积极性受到打击。父母最好的做法，就是给孩子分配一定的责任，但不要强求他必须做到完美。假如孩子做得不好，父母只要告诉他下一次做好就可以了，不要为了宽慰孩子而为他找借口，否则孩子再次受到委屈的时候，就会出现推卸责任的想法。

让孩子学会承担责任，尤其要抓住孩子犯错的机会进行教育。这时，父母如果能够不包庇、不袒护，让孩子勇于承认自己的错误、并想办法弥补错误，会是培养孩子责任感的关键一课。

1920 年的一天，一名 11 岁的美国男孩在踢球时不小心打碎了邻居家的玻璃，邻居很生气，向他索赔 12 美元。在那个年代，12 美元并不是一个小数目，对于一个普通家庭来说是一笔较大的开支。男孩自知闯了祸，回到家后对父亲说出了事情的经过。谁知，父亲并没有责骂他，而是平静地说："既然你打碎了人家的玻璃，就要自己去赔偿。"男孩有些为难："可是我哪有那么多钱赔给人家呢？"父亲想了想，拿出 12 美元说："我可以先把钱借给你，但一年之内你必须还给我。"男孩有了"外债"，不得不开始打工赚钱，经过半年的努力，他终于攒够了 12 美元。他拿到 12 美元的这一天，异常兴奋且激动，他很郑重地将钱交到了父亲手里。从这时开始，男孩知道了什么叫对自己的言行负责。

这个男孩就是日后的美国总统罗纳德·里根。

从某种程度上来说，一个人能承担多大的责任，就能取得多大的成功。父母要清醒地认识到这一点，在孩子力所能及的时候教会他尽责的意识，就是在慢慢地为他的成功铺路。

父母小贴士

正如一艘船的承载量越大，就暗示着这艘船越大、越坚固一样，一个人所能承担的责任越多，就说明他的实力越强。而父母要做的，并不是简单地将孩子保护起来，而是放手让他去承担责任，让他在负责任的过程中变得越来越强。

4. 给孩子一支"避雷针"，教他疏导坏情绪

1990 年，美国的两位心理学家——彼得·萨洛维和约翰·梅耶提出了"情商"这个词。情商是什么呢？就是情绪商数、情绪智力、情绪智能、情绪智慧。情商高的人，能够很好地控制自己的情绪；情商低的人，很容易情绪失控，具体表现就是情绪不稳定、易怒、急躁、固执、自负。

每个孩子都是可爱的天使，是全家人的"开心果"。不过，有的孩子发起脾气来会瞬间变成"小恶魔"，让父母既惊讶又不知所措。这些不会控制自己情绪的孩子，就属于情商比较低的孩子。情商低主要表现在以下几个方面：情绪反应十分简单，缺乏幽默感，不会开玩笑，对于满意的事情沉默不语，对于不满意的事情总喜欢通过吵架、发脾气的方式来解决；面对很小的事情也沉不住气，稍有不顺心就发脾气；面对生活中的困难，唯一的应对方法就是发泄情绪；小脾气很火爆，像颗"不定时炸弹"，一碰就炸；在发脾气的时候难以自控，骂人、砸东西、打人都做得出来；情绪来了听不进任何人的劝告……如果你的孩子符合上面的全部或其中几点描述，那么就得多加注意，应该好好培养一下孩子的情商了。

我们都知道，如果在高大建筑物顶端安装一根金属棒，用金属线与埋在地下的一块金属板连接起来，利用金属棒的尖端放电，使云层所带的电和地上的电逐渐中和，就能使得建筑物等避免雷击。这个效应被人们运用到心理学当中，就是"避雷针效应"。也就是说，如果善于引导和处理，就能规避事情坏的一面。其实，提高孩子情商的关键，就是教会孩子学会控制自己的情绪，尤其是学会疏导不良情绪。

第一种有效的方法是转移注意力。孩子常常因为一些事情感到焦虑、急躁，因控制不住自己而发脾气。对于小一点儿的孩子来说，可能会为不想刷牙、吵着要玩具等事情发火，这时父母可以直接采取转移注意力的方法，让孩子不再纠结于眼前的事；对于稍大的孩子来说，有可能为挨了批评、想要的东西没得到而发脾气，这时父母要给孩子讲清楚道理，教会他：对于已经发生、不能改变的事情要尽快忘记，多想一些开心的事。

第二种方法是让孩子明白该有的规矩。比如，妈妈正在厨房做饭，孩子吵着要妈妈陪他玩，得不到满足之后就大发脾气。这时，妈妈就要明确告诉他，什么时候可以陪他玩，什么时候他必须安静地等待或自己玩。对于有思考能力的孩子，妈妈应该告诉他们，在看到妈妈忙碌时，就应该想到不能吵闹。孩子对事情的要求降低了，自然也就不会那么轻易地因为得不到满足而发脾气了。

第三种方法是教给孩子更多技能，并赋予他承受失败的勇气。有些孩子比较要强，或者性格天生急躁，有时因一件事情做不好，无法接受自己的失败，就立刻“怒火中烧”。教这样的孩子控制自己的情绪，当然要从源头抓起：一是要让孩子学会更多本领，不要什么事都插手帮他做；二是要让孩子懂得“胜败乃兵家常事”，不要因为一时没做好就方寸大乱，要有从头再来的勇气。久而久之，孩子也就能逐渐学会以平和的心态来面对事情了。

凡凡今年 4 岁，是一个很喜欢探索外界的男孩。不过，凡凡的脾气不大好，只要有什么事做不好，就竖眉毛、瞪眼睛、噘嘴巴。

这天是周六，早上吃完饭，凡凡在自己的房间里搭积木。他决定挑战一个比较难的“高楼”。但就在他搭到三分之二的时候，积木突然倒塌了。凡凡气得大喊了一声，一下把积木推倒了。妈妈在隔壁听到动静，走过来一看，凡凡正坐在地上生闷气，还用手捂住自己的眼睛，妈妈就没说什么。

下午，妈妈提议去楼下玩篮球，凡凡高兴极了，抱着球就冲了出去。

可到了篮球场没多久，凡凡的小脸儿又阴沉了下来。原来，妈妈传过来的球，凡凡没几个能稳稳地接住的，都落到了地上。凡凡一生气，抱起球，发狠似的扔到了不远处的草丛里。妈妈看到这种情况，觉得有必要纠正一下凡凡。于是，她蹲下来，看着凡凡说道："凡凡，你能告诉妈妈为什么不开心吗？"凡凡噘着小嘴不吭声。妈妈继续说道："让我来猜一猜。凡凡上午不开心，是因为积木总不听话，一直掉下来；现在不开心，是因为篮球不听话，老是落到地上。对吗？"凡凡点了点头。"还记得妈妈给你讲过爱迪生发明电灯的故事吗？爱迪生试了1000多次，这1000多次电灯都不听他的话，但他没有生气，也没有灰心，而是继续尝试，最后终于成功了。凡凡现在也是这样，球掉了几次都没关系，不生气、继续拿起来投，才是聪明的孩子。"凡凡认真地听着，终于露出了一个笑脸："妈妈，我以后再也不生气了。等我投100次、1000次，我也能投好！"

　　父母教孩子控制、疏导自己的情绪，是为了让孩子的心智更加成熟。不过，凡事都不能太过，否则就会矫枉过正。如果孩子遇到不开心的事，的确需要发泄情绪，父母也不能一味地要求他忍住。在该收的时候教孩子收敛情绪，在该放的时候教孩子合理发泄情绪，这样才最有益于孩子的身心成长。

父母小贴士

　　不良情绪对于孩子来说就像是毒药，长期摧残孩子的身体，因此必然会带来不可估量的负面影响。因此，父母一定要做好两方面的工作：一是让孩子学会抑制不良情绪的产生，保持良好的心态；二是让孩子学会疏导自己的不良情绪，提高情商。双管齐下，孩子才更容易成长为一个心智成熟、快乐豁达的人。

5. 培育一个专心做事的小孩

古罗马政治家西塞罗说过："任凭怎样脆弱的人，只要把全部的精力倾注在唯一的目标上，必能使之有所成就。"这句话的意思是，一个成功的人，可能不那么优秀，但一定是一个做事非常专心的人。专注意味着效率，专注是做好一件事情的有力保障。

相信很多父母都有过这样的抱怨：自己的孩子做什么事情都是"三分钟热度"，没有什么能持久的。让他安心地看图画书，看不了两分钟就开始抠桌角玩；给他讲故事，刚讲了两句人就跑了；连玩个玩具小汽车都超不过五分钟，更别提完成一个复杂的拼图了……

这种不专注的表现虽然很让人发愁，但是父母也不用看得过于严重，孩子能够被周围的事物不断吸引，是他对外界好奇、急于探索的表现。只是因为他没有明确的目的，不一定明了自己应该干什么、想得到什么，所以才会东张西望、顾此失彼。在父母眼里，可能没有注意到好的这一面，而只注意到了孩子不专心的表现。

不过，我们也应该承认，即使是出于对外界的探索，孩子还是应该集中自己的注意力，如果总是表现得很浮躁、不踏实，将来很可能会什么事情都做得"虎头蛇尾"。那么，父母应该如何培养孩子的专注力呢？

首先，父母要明白，越早培养孩子的专注力越好。因为"专注"也是一种习惯，孩子一旦养成半途而废、三心二意的毛病，就不好改正了。所以，父母不要因为爱孩子，而在孩子很小的时候就开始不断地给他买各种玩具和书籍。否则，孩子的注意力可能就会在翻翻这本书、摸摸那个玩具中被消磨掉了。最好的做法，是只给孩子买两三个玩具供他玩耍。

另外，一次只给他买一本书，如果他想要新书，就要问问他："这本书看完了吗？可不可以给妈妈讲一讲，它好不好看？"这样，孩子就会明白一个道理：在一件事没做完的时候，不应该去做另一件事。通过一件件这样的小事，孩子的专注力就能被慢慢培养起来。

培养孩子的专注力，父母还要为其提供足够的独立空间，让他去摸索和学习，而不要随便代劳。孩子做自己感兴趣的事情时，往往能够很专注，父母也不要随便去打扰。如果父母总是在孩子的事情做到一半时插手，孩子自然就会失去做完的耐心，从而做事虎头蛇尾。从孩子1岁左右，会玩玩具、能自己摸索事物开始，父母就要注意保护孩子的专注力了。这个阶段，孩子刚开始接触外界，行动还不是很灵活，所以思维容易集中，往往能够将自己的注意力专注在一件事情上。比如，孩子刚看到一个玩具时，往往很专注地盯着它看，直到看清楚它的样子，能够稳稳地拿起来、操作它；刚学拿勺子吃饭时，他可能为了不让饭掉出去而一次次地尝试，直到能够将饭平稳地送到自己口中。这时，父母宁可看着孩子"费劲"，也不要伸手替他做，否则就会打断孩子，使他的思维和行动都被迫中断。经常被打扰的孩子，当然就难以集中注意力了。正如郭沫若所说："教学的目的是培养学生自己学习、自己研究，用自己的头脑来想，用自己的眼睛来看，用自己的手来做的这种精神。"让孩子自己行动，他才能形成专注地、独立地完成事情的习惯。

如果孩子的精神已经很容易涣散、精力不容易集中，父母可以通过给孩子设定目标的方法提高他的专注力。这方面，"洛克定律"可以给父母一些指导。

美国管理学家埃德温·洛克认为：有专一目标，才有专注行动。要想成功，就得制定一个奋斗目标。但是，目标并不是不切实际地越高越好。每个人都有自己的特点，有别人所不具备的优势。只有好好地利用这些特点和优势去制定适合自己的目标和实施目标的步骤，你才可能取得成功。对每个人来说，在实施目标时，只有当每个步骤既是未来指向，又是富有挑战性的时候，它才是最有效的。

父母给孩子制定目标，对于孩子提高专注力是很有效的。比如，当孩子自己看书看不下去时，父母可以跟孩子来一个互动，跟他比一比谁能最快看完这一页；孩子的图画画了一半就想跑时，父母可以告诉孩子，今天的任务是画完这一幅，并在孩子画完之后及时表扬他。根据"洛克定律"的内容，父母还要知道，给孩子制定的目标一定要符合他的年龄、在他能力范围之内。给孩子制定过高的目标，只会让孩子迫于压力，更加无法专注于事情本身。

另外，在给孩子定任务时，将"定时改为定量"，更有助于孩子专注做事。

根据妈妈的要求，甜甜每天都要练习写字半小时。一开始，甜甜还能集中注意力，但后来，她发现自己写完一页，如果没到时间，还要继续写一页。于是，她慢慢有了"偷懒"的心，中间总是写写停停，摸摸这、敲敲那，只要磨蹭够半小时，就算完成了任务。妈妈看到甜甜越来越不专心，考虑之后，给她重新定了规矩：每天认真写够一页纸就可以了，只要写得合格，不到半小时也可以"解放"。这样，甜甜就将注意力放在了写好字、写满一页之上，而且会争取尽快写完，这样就能早点儿出去玩。分心、磨蹭的现象也很少再出现了。

还需要提醒父母的是，培养孩子专注力，不是长时间地把孩子压在书桌前、课本前，要根据孩子的年龄特点保持适度。一般来说，孩子年龄越小，注意力集中的时间就越短：2岁的儿童，平均注意力集中的时间长度为7分钟，3岁为9分钟，4岁为12分钟，5岁为14分钟。因此，我们对于孩子，特别是3岁以前的孩子，不能过分苛求他保持很长时间的专注力，父母应以平和的心态，科学合理地培养孩子的专注力。

父母小贴士

一个有凝聚力的团队，能把各司其职的人的力量聚拢到一起，发挥最大的作用；而专注力对于孩子来说，也像一种凝聚的力量，

能够将孩子的手、眼、脑协调地组合在一起，使它们合作无间，最高效率地投入到学习和工作之中。所以，可以说专注力是使孩子变得更聪明、更强大的"武器"，父母一定要帮助孩子打造好这一工具。

6. 乐观是孩子必须掌握的能力

乐观是一种能力，能够让生命的质量提升一个档次；乐观是一汪清泉，能够滋润孩子的心灵；乐观还是一剂良药，能够让一个孩子生活在健康之中。正如俄国心理学家巴甫洛夫所说："忧愁、顾虑和悲观，可以使人得病；积极、坚强的意志和乐观的情绪，可以战胜疾病，更可以使人强壮和长寿。"

乐观是一种很重要的品质，它的好处和重要性体现在很多方面。首先，乐观的孩子一生大部分时间都活在快乐之中，懂得享受这个世界的美好，不会过多地受负面事情的影响；悲观的孩子则常常活在幽怨、抑郁当中，成人后即使权位再高、财富再多，也难以享受到真正的快乐。其次，乐观的孩子面对困难时不易失去信心，解决难题的机会和概率都比较高；而悲观的孩子则总抱着消极的态度，一遇到问题就觉得自己无能为力，从而增加失败的概率。

下面这个小故事，就能说明乐观孩子和悲观孩子人生感受的巨大差别。

一个父亲有两个儿子，其中一个十分乐观，遇见什么事情都乐呵呵的；而另一个很悲观，每天都感觉天要塌了一样。一次，这个父亲决定探寻一下乐观的儿子到底有多乐观，并想改善一下悲观的儿子的心态。

于是，他买了许多色泽鲜艳的新玩具，全部给了悲观的儿子，又把乐观的儿子送进了一间堆满马粪的房间里。

这样过了一晚之后，第二天一早，父亲打开悲观的儿子的房门，看到儿子正在哭泣。父亲很诧异，问道："你为什么不玩那些玩具呢？"悲观的儿子哭着说："现在看着它们很漂亮，但我玩了就会坏的。我害怕它们坏掉，所以伤心。"

父亲无奈地叹了口气，又走进乐观的儿子的房间。谁知，乐观的儿子手上沾满了马粪，还在挥舞着两只手，看到父亲就大声喊道："爸爸，我告诉你，附近一定有一只小马驹！"

乐观的孩子，总能看到事情比较有利的一面，期待更有利的结果，他们眼中的生活也是色彩斑斓、充满愉悦的，他们的快乐与自己的境遇如何、财富多少并没有太大关系。总之，他们是能一辈子过着"甜"日子的人。

也许有些孩子天生就比较乐观，有些孩子则相反。不过，心理学家却发现，乐观的思想是可以培养的，即使孩子天生不具备乐观的品质，也可以通过后天的努力来实现。那么，怎样做才能让孩子成长为一个乐观、积极的"小天使"呢？

第一，父母必须给孩子营造一种快乐而温馨的家庭氛围。家庭氛围对于孩子的成长很重要，这就好比，清水里养出的鱼是健康、可爱、充满活力的，而浑浊的水中养出的鱼却是一副有气无力、缺乏生气的样子。父母给孩子营造一种快乐的氛围，孩子从小就能感受到快乐，性格自然不会太沉闷。有研究表明，孩子在牙牙学语之前，就能感受到周围的情绪和氛围，并受这种氛围的影响，在成长过程中更倾向于养成与环境相符的性情。可见，一个充满怨言、悲观思想甚至暴力的家庭，绝对培养不出开朗乐观的孩子；而稳定、幸福、气氛轻松的家庭，则会让孩子产生强烈的安全感，很容易让孩子拥有快乐的情绪。

第二，父母要学会欣赏孩子。美国心理学之父威廉·詹姆斯说过："人最大的需要就是被了解与欣赏。"孩子尤其如此。经常得到父母肯定、赞赏的孩子，自尊心会得到满足，也会变得更加自信，相信自己能够通过努力解决问题，因而逐渐就会变得乐观起来。而总是被父母否定的孩子，对自我能力严重不信任，面对外界时缺乏安全感，总是认为外界会用质疑的眼光看自己。这样的孩子，怎么能够乐观起来呢？他将来的人生之路，难免会充满怀疑、悲观和自卑的情绪。

薇薇是个非常可爱的 5 岁的小女孩，她的爸爸尤其疼爱她，每天下班都要逗逗她，看着她噘嘴生气的样子，爸爸总是开心地大笑。前几天，薇薇不注意把自己的小拖鞋穿反了，爸爸指着她的两只脚，笑着说："我家薇薇是小笨蛋，鞋子都能穿反！哈哈！"薇薇一听，立刻低下头去，把鞋换了过来。从这天起，薇薇每次穿好鞋都要检查好几遍，生怕自己再被爸爸笑话。还有一次，薇薇端着自己喜欢的卡通水杯喝水，一个不小心，杯子掉到了地上，一块漆被磕掉了。薇薇拿起杯子，正不开心时，爸爸走过来，笑道："我家薇薇又闯祸啦？哈哈，你要是哪天不出点儿错，爸爸都觉得不正常。"这本来是跟薇薇开玩笑，但薇薇听了，却觉得自己就是什么事都做不好、必须经常犯错的孩子。

若父母总是对孩子持否定态度，不管是出于真心还是无意，都会损害孩子对自身价值的认可，以及对父母的信任。所以，即使孩子做了错事，也不要苛责，不妨用一种轻松的口气告诉他："没有关系，下次注意点儿，你会做好的。"而孩子取得了一点儿成绩，或者完成了一件事情，也千万不要用开玩笑的口气，称孩子是侥幸的，而必须很正面地告诉他："你真棒！"

第三，父母要保持乐观情绪，给孩子做出好的榜样。如果父母能够以身作则，即使面对困境、挫折时也能保持积极、乐观的心态，孩子就会受到父母的影响，乐观地去面对生活中的一切；而假如父母整天抱怨，表现得很悲观，孩子也会在潜移默化中产生这种消极情绪，时间一久就会成为一个悲观的人。

父母还需要了解的是，幼儿期是孩子心理发展最为迅速的时期，到了学龄阶段，心理品格会在很大程度上稳定下来。所以，父母一定要抓住幼儿时期，培养孩子做一个乐观的人，使孩子得到健康、全面的发展。

父母小贴士

乐观对于孩子来说是一张人生的通行证，让他无论在什么境遇下都能保持快乐，在怎样的环境中都能吃得开。同等能力、智商、背景的人，乐观与否，会使他们的生命呈现很大的差距。父母若能培养孩子具备乐观的心态，就相当于给了孩子一生的好机遇、好心情、高能力。

7. 谦虚是孩子必须具备的良好品质

我们都知道"坐井观天"这个成语的由来，说的是一只生活在井底的青蛙，抬头看到从井口透进来的一小块天空，认为这就是天空的全部，并且沾沾自喜。实际上，它看到的只是很小的一部分，只不过被自己的愚昧和自以为是欺骗了。巴甫洛夫对青年们说："切勿让骄傲支配了你们。由于骄傲，你们会在应该统一的场合固执起来；由于骄傲，你们会拒绝有益的劝告和友好的帮助；而且由于骄傲，你们会失掉客观的标准。"这就是每个人从小就要培养的品质——谦虚。

中国有句老话叫"谦受益，满招损"，这句话流传了几千年，其中的道理却亘古不变。懂得谦虚的人会赢得别人的尊重和喜爱，又能让自己吸收更多的知识和营养，受益无穷。高高在上的姿态，得意忘形的面孔，颐指气使的神情，专横跋扈的气势，以这种姿态示人的人，很快就会被众人孤立，继而被社会淘汰。纵观历史上那些有成就的人，都是十分谦虚、谨慎的，正是因为有了这样的态度，他们才能把心踏实下来学习，进而获取知识、积累能力。

达尔文是一个很谦虚的人，即使他成为赫赫有名的科学家之后依然如此。他与别人谈话时，从来不会打断别人，总是耐心地听别人说话。无论是对年长的还是比自己小的人，他都表现得很谦虚，就好像别人都是他的老师一样。1877 年，达尔文收到德国和荷兰一些科学家送来的生日贺卡，上面写满了赞美之言，但他却在感谢信中写道："我很清楚，要是没有为数众多的可敬的观察家们辛勤搜集到的丰富资料，我的著作根本不可能写成，即使写成了也不会在人们心中留下任何印象。所以，我认为荣誉应该主要归于他们。"

正是因为达尔文始终保持这样谦虚的态度，他才能由一个普通的青年成为一个著名的科学家，并且在成名之后依然能够不断地攀登高峰。可见，谦虚对于人，就像是一扇打开的大门，能让所有的知识、经验、技能、人脉，都流入自己的世界，帮助自己成就一番伟业。

与谦虚相反，骄傲则是一种非常不良的心理状态。对于孩子而言，一旦产生骄傲情绪，其心理健康的发展就会受到阻碍，不仅学业上进步的空间会因此而变小，人际关系也会变差——没有人愿意和骄傲自满、趾高气扬的人交朋友，孩子的世界里也同样如此。

教孩子做一个谦虚的人，父母首先要做的是培养孩子的平凡意识。大凡骄傲自满的人，都是自视甚高，对自己有过高的评价。如果孩子能有一颗平常心，将自己定位于一个平凡的人，就不会那么容易骄傲了。这种低调的姿态也有助于孩子在学校中与他人和睦相处。当然，将自己看得平凡，并不代表平庸无为，而是说在态度上比较踏实，肯一步一个脚印地去努力。这样的人，往往比那些好高骛远的人成功的概率更大。

其次，父母要让孩子明白"天外有天，人外有人"的道理。父母要时刻注意提醒孩子，不要只看到自己的长处，也应认识到自己的短处；同时还要看到他人的长处，并学习他人的长处。当孩子明白世界的博大和自己的渺小之后，就不会再骄傲自满，而是将注意力放在提升自己之上。

再次，父母要让孩子学会自我反思。骄傲自满的人通常是没有自知之明的人，他们看不到自己的缺陷，所以才会目中无人。当孩子懂得不断反思自己时，他就有了自我提醒的能力，从而会努力寻求进步，不会被一时的胜利蒙蔽双眼。

有一位美国青年，一天突然发觉自己经常失去朋友，形单影只，认真反思后，发现是自己太争强好胜，所以始终跟别人相处不好。临近新年的一天，他制订完年度计划，接下来列了一张清单，把自己个性中所有的缺点依次列在上面，从最致命的大缺点开始，到不足挂齿的小毛病为止，并痛下决心要一一改掉。每当他彻底改掉一个毛病，就在单子上把那一条画去，直到全部画去为止。结果，他为人处事、言行举止都极有修养，成为美国最得人心的人物之一。最终，他入主白宫，成为美国第 32 任总统。他，就是富兰克林·罗斯福。

最后，父母要戒掉对孩子过度表扬的习惯。有的父母为了让孩子充满自信，不停地使用鼓励的方法，使得孩子慢慢觉得自己"很棒"，全是优点、没有缺点，因此产生骄傲情绪。这就要求父母不要滥用表扬，要适度地对孩子进行"打击"。在肯定孩子成绩的前提之下，让他明白还有不足，还有改进的空间，这样，孩子才能保持谦虚的心态，不断进步。

有骄傲情绪的孩子会目空一切，不把任何人放在眼里，这样的孩子在家中受尽宠爱，一旦走入社会就会四处碰壁。所以，父母要时刻关注孩子，时刻提醒他要谦虚，发现骄傲的小火苗就要立刻扑灭。

父母小贴士

几乎每个学校都贴着这样的标语：谦虚使人进步，骄傲使人落后。这句话的历史虽然久远，但它所阐述的道理却永远有现实意义。谦虚的人，不仅在学业、事业上能一直保持进步，还能在人际关系上进步，在人生境界上进步。所以，谦虚是一个人必须具备的品质。

8. 教孩子拥有好人缘，让他快乐一生

人是社会性动物，有一定的人际交往能力在人的一生中显得尤为重要。正如爱尔兰政治家、哲学家埃德蒙·伯克所说："喜欢社会中一小群志同道合的朋友，这是人的社会属性的基本原则。"每个人都离不开朋友，朋友是快乐的源泉、是人的精神支柱。卡内基夫人也曾经感慨地说："周围都是好朋友的人，比'四面楚歌'的人不知幸福多少。"可以毫不夸张地说："人没有什么都行，就是不能没有朋友。"

朋友对一个人来说有多重要，相信所有父母都有切身的体会。人在孩提时代，最重要、最依赖的是父母；而随着年龄越来越大，朋友的重要性就会逐渐显现出来。有句话叫"物以类聚，人以群分"，所以每个人交朋友时，基本上选择的都是与自己志同道合的人。因此可以说，朋友之间有更多的共同话题，这种互相分享、连接、感应的感受，可能是与父母、伴侣之间的情感都比不了的。另外，朋友之间是互相关心、理解与信任的，他们的喜怒哀乐，都可以找对方倾诉，得到对方的安慰和鼓励。再者，朋友还是关键时刻"雪中送炭"的人。中国有句俗话："在家靠父母，出门靠朋友。"人一旦长大、离家，很多事情不忍再叨扰年迈的父母，或者"远水解不了近渴"，又或者父母已经无力解决，这时，能站出来与你共同解决难题的，可能就只有与你交好的朋友了。更关键的一点是，如今的家庭大多数为独生子女，如果孩子没有好人缘，岂不预示着他将来的生活是孤苦伶仃的？所以，综上所述，没有朋友的人是可悲的，拥有朋友的人是非常幸福的。

但人是有感情的动物，朋友并不是说有就有的；结交真心的朋友，

更是与金钱、地位毫无关系。拥有好人缘的人，通常以性情取"胜"，而非其他因素。可见，父母为了长远考虑，就要培养孩子良好的性情，赋予他交朋友的能力。这样一来，日后无须父母操心，孩子的朋友也不会少。

张爱玲有句话叫"出名要趁早"，其实，培养孩子的好性情、让他拥有好人缘的潜质，也是越早越好。这是因为，孩子的性情在儿童时代就会固定下来，长大之后很难有较大的改变。当孩子开始有独立意识之后，父母就要多锻炼孩子与人交往的能力，让他多和同学、朋友一起玩。俗话说"熟能生巧"，孩子和同龄人在一起待的时间长了，自然就会渐渐学会与人交往的技巧，会逐渐习惯一个与家有很大不同的环境，知道自己不会在哪都能得到别人的宠爱和忍让。这种意识的形成对于孩子来说是很有益的。

某心理医生曾经接手过这样一个案子：一个刚毕业的大学生小雨去北京实习，为了节省房租，她和两个女生合租了一套房子。开始时，三个年龄相当的女孩子关系很好，相处得很亲密。但渐渐地，另外两个女生发现，小雨是一个极度自我的人，总把自己当孩子看，好像她们两个也必须宠着她一样。比如，小雨从来没有打扫过一次卫生，没买过一次公共日用品和饭菜，更别提主动包揽交电费、水费等杂务了。时间久了，两个女生都很难接受小雨的种种"毛病"，但出于礼貌，她们没有提出另找房子住。终于有一天，两个女孩无法再忍受了。这天，三个人都早早地回到了家里，小雨觉得饿了，就提议出去吃饭。一个女孩摇着头说："小雨，我们俩想减肥，晚饭就不吃了。"小雨有些不高兴，转而问另外一个女孩："你也真的不吃？"那个女孩也点了点头。小雨听后，竟然张口说了一句："好啊，你们不吃可以，那你们给我做饭，我自己吃。"两个女孩面面相觑，本以为小雨是在开玩笑，谁知小雨很认真地看着她们，说出了自己想吃的菜……两个女孩忍无可忍，终于提出要搬到别的地方去住。

后来，小雨又找了几个室友，但她们都因为受不了小雨的公主脾气而搬走了，并且一搬走就断绝了跟小雨的联系。小雨苦恼至极，后在妈妈的帮助下来到了心理诊所。

孩子事事娇惯，凡事总想着让别人来迁就、照顾他，当然不容易交到朋友。所以，父母想让孩子将来有一个好人缘，第一步就是不娇惯，并要让孩子学会平等、独立地和他人相处，甚至要适当地懂得照顾和迁就他人。

生活中自私、小气的人也很难有好人缘，所以父母要教会孩子分享，别让孩子养成"吃独食"的习惯。孩子在小的时候，父母就要尽量避免把家里的好东西都给孩子独享，否则，会直接导致他的自私。平时，父母带孩子出去的时候，在外面遇到了同龄的孩子，也可以鼓励孩子把自己的食物、玩具和对方分享，体验分享的快乐。当孩子习惯了做一个慷慨、大方的人，那么他自然就会有一种亲和力，让人乐于靠近。

父母除了要教孩子慷慨之外，还要教会他尊重别人。得到别人的尊重，是人们最基本的诉求，也是和别人交朋友的基本前提。在一方对另一方不尊重的交往之中，从目的上说只会为利益或图谋，从情感上说只会有虚伪或惧怕，而不可能有真实而美好的友谊。因此，父母首先必须教会孩子懂礼貌，对别人说话要客气有礼，不能出言不逊；其次，要让孩子学会退让，不管是在游戏中还是日常交往中，都不要太过较真，不要得理不饶人，宽容一点儿、随和一点儿，才能得到别人的尊重；再次，孩子稍大一点儿之后，父母一定要教他认真听别人说话，只有孩子关注对方的想法，才能真正做到尊重对方，而不是只以自己的想法为中心。

法国名人艾佛林·恩德希尔夫说过这样一句话："唯有对人慷慨大度，赞扬别人的优美，我们才能赢得朋友。"可见，孩子必须做到眼中有别人、思想中有别人、心中有别人，只有做到真正地尊重别人、发自内心地看到别人的好处，才能得到真挚、美好的友谊，才能拥有快乐的人生。

父母小贴士

拿破仑战争时期，英国的海军上将西德尼·史密斯曾说："大量的友谊使生命坚强，爱与被爱是生活中最大的幸福。"的确，友谊就像支撑一个人生命大厦的"顶梁柱"，它能给人带来力量，带来幸福，带来机遇和好运。父母给予孩子一生幸福与幸运的关键之一，就是教会他如何拥有好人缘。

9. 诚信——孩子一生受用的品质

华盛顿小时候非常顽皮，有一次竟将父亲最爱的一棵樱桃树砍倒了。父亲回来后非常生气，说要给那个做坏事的人一点儿教训。这时，华盛顿虽然很害怕，但还是将实情告诉了父亲。父亲听后，不但没有责怪他，反而夸奖他讲诚信。松下幸之助曾说："信用既是无形的力量，也是无形的财富。"近年来各大商场也流行一句话："信用破产，你就什么都破产了。"可见，诚信已经是这个社会对人们的最基本要求。所以，父母教育孩子要诚信做人是非常重要的。

诚信，其实就是诚实、守信。诚实，就是忠诚老实，不讲假话，不歪曲事实，不隐瞒自己的观点，处事实在；守信，就是讲信誉，遵守承诺，履行自己应承担的义务。讲诚信的人在社会上必能赢得他人的信任，不守诚信则难以得到其他社会成员的认可和亲近。

诚信是人们在公共交往中最起码的道德规范，它既是一种道德品质，也是一种公共义务，还是一个人能够在社会中安身立命的根本。讲诚信的人，人们与他相处起来也踏实、放心，生活中有人愿意与他交朋友，事业上有人愿意同他打交道。而不讲诚信的人，不管是交朋友还是事业上的往来，经常是"一锤子买卖"，短暂的相处之后别人就会对其"敬而远之"。所以，为了让孩子将来能够有良好的社会交往能力，能在激烈的竞争中立于不败之地，父母就必须要从小开始对孩子进行诚信教育。

父母如何教育孩子做诚实守信的人呢？首先，教育要从娃娃抓起。品质是一个人从小就开始逐渐形成的，并且是在后期难以改变的，所以一定要尽早实行教育。美国从幼儿园和小学起就很重视对孩子的诚信教育。美国波士顿大学教育学院设计的基础教材中，就突出了诚信方面的内容。其中有一篇课文讲述了这样一个故事：一位国王要选择将来的继承人，于是发给每个孩子一粒花种，声明谁能种出最美丽的花，将来就选谁为国王。评选的这一天，大家都端着开得很美丽的花前来参选，只有一个孩子端着空无一物的花盆前来。最后，令大家诧异的是，这个孩子竟然被选中了。原来，孩子们得到的花种已经被蒸过，是不可能再发芽开花的。国王的目的并不是找最好的"小花匠"，而是选出那个最讲诚信的人。

教育孩子讲诚信，父母以身作则很重要。常言道："言传重于身教。"父母的行为对孩子的成长有着非常重要的影响力。在生活中，父母一定要做一个有责任心、诚实守信的人。很多以教育出名的国家，都非常重视父母以身作则的重要性。比如，德国的教育心理学家认为，在德国青少年的教育中，家庭是道德教育的重要场所，父母则是孩子道德教育的启蒙者。德国在教育法中明确规定，家长有义务担当起教育孩子的职责。德国人的生活中，也的确到处体现着父母以身作则教育孩子的细节。在德国一个小城的路口有一块牌子，上面写着：为了孩子，请不要闯红灯。据当地居民讲，自从立了这块牌子之后，闯红灯的行人和车辆明显减少了。在大人的带领之下，孩子也被这种氛围感染，基本上都能做到自觉遵守社会秩序。

中国很多有成就的人，也都深深懂得用以身作则的方式来教育孩子诚信的必要性。

曾子是我国著名的思想家，他教育孩子也有一套自己的原则。有一次，他的妻子去街上买东西，他的儿子哭闹着也要去。妻子嫌麻烦，就随便哄他一句说："你在家玩吧！等妈妈回来给你杀猪吃。乖！"儿子果然不哭闹了，乖乖在家等着吃猪肉。

过了一会儿，妻子回来了。曾子见状，立刻拿起刀就要去杀猪。妻子连忙拦住丈夫："咦，今天又不是过年过节的，你杀什么猪呀？"曾子回答说："不是你自己说回来后要给儿子杀猪吃的吗？"妻子听了，松了一口气说："哎，我是哄孩子玩呢，你怎么当真了，应付一下就算啦。"

曾子严肃地说："孩子可不是开玩笑的对象。他小，不懂事，凡事都要向父母学习，听从父母的教诲。如果父母说话不算数，欺骗了孩子，孩子就会认为人是可以欺骗的，转而去欺骗别人。如此一来，孩子骗人就成为父母教的了。而且，你骗了孩子，孩子以后就不再相信你了，你说的话他还听吗？"曾子的妻子恍然大悟，便同意曾子去杀猪，并且从此再也没有骗过孩子。

曾子这种诚信行为直接感染了儿子。一天晚上，儿子刚睡下又突然起来，从枕头下拿起一把书简向外跑。曾子问他去做什么，儿子回答："我从朋友那里借书简时说好要今天还的。虽然现在很晚了，但再晚也要还给他，我不能言而无信呀！"曾子看着儿子跑出门，会心地笑了。

可见，父母在说话时一定要三思，更不能随便许诺，事后言而无信。如果父母一而再，再而三地失信，孩子就会对父母失去信任，同时也会认为说话可以不算数，慢慢地他也会这样做。如果答应孩子的事情确实无法做到，要及时向孩子解释清楚，并向孩子道歉，还要让孩子知道自己这样做是不对的。

教育孩子讲诚信，要落实到生活的方方面面，不要让它成为一句空话。

诚信是一个人一生都要遵守的道德品质，同时也是一个人终生的信誉保障。无论何时，父母都不要忽略对孩子的诚信教育。

父母小贴士

　　人无信，则不立。诚信对于一个人来说，就像是支撑精神和人格的筋骨。没有诚信的人，人格是低下的，精神是萎靡的。教会孩子诚信待人，它会点亮孩子生命的明灯。要知道，生活永远不会亏待一个诚信之人，也永远不会宽恕一个撒谎成性、没有丝毫诚信可言的人。

第四章

拨开怪异行为的迷雾，
认清孩子的心理本质

很多父母都津津乐道于自己孩子的优点：有运动天
赋、能说会道、钢琴弹得好……说起这些能够罗列一堆。
可一旦提起孩子的不良行为、怪异行为，父母们往往就
噤声了。是孩子真的没有任何怪异行为吗？当然不是。
几乎每个孩子都或多或少有一些大人看起来不可理解的
行为：破坏东西、打人、不停地咬东西、人来疯、过于
沉默……其实每一种令父母匪夷所思的怪异行为，都反
映着孩子的内心。这里，我们就来为父母解读一下，孩
子怪异行为背后的心理因素以及化解方法。

1. 撕书、拆玩具——破坏并非孩子本意

孩子是全家人的"开心果"，常常被赞为"可爱的天使"。但很多父母也会发现：自己的"小天使"也有着"魔鬼"的一面——不知从什么时候开始，会时不时地搞个破坏，将家里弄得一团糟。其实，从大人的角度看可能是孩子顽皮、故意捣乱，实际上，父母并不清楚孩子的真实心理。

家中有一个可爱的孩子，除了有无尽的欢笑之外，很多父母还会有这样的烦恼：孩子就像一个小小破坏狂，什么东西到他手中就会立刻变成废品，好像破坏东西是他必须要完成的工作，每天不破坏几样东西，他是不会安心上床睡觉的。比如，刚给他买了一本书，还不到两天，就已经撕坏了；好好的玩具，玩着玩着就被他拆散了架。不光是他自己的东西，家里的一些物品、大人的用品，也都在他的破坏范围之内，不是摔坏了爸爸的眼镜，就是洒了妈妈的香水……父母在发愁家里有这么个"捣蛋分子"的时候，先不要急于改变他，不妨先分析一下孩子搞破坏的原因。

有些父母可能会问："搞破坏无非就是调皮、使坏，还能有什么原因？"其实，父母这样想是没有了解孩子的真实心理，孩子的破坏行为中，故意调皮而为之的只占很小一部分。大多数情况下，孩子的破坏行为有以下几个原因。

第一是好心办了坏事。如果父母发现孩子做的"坏事"总是让人哭

笑不得，比如将金鱼从鱼缸里捞上来，把面粉泡在水里洗，那多半就是孩子出于好心想帮大人做事，只不过由于经验不足或能力有限，没有做好而已。这时，他们不是想要搞破坏，而只是怕小鱼淹死、看到面粉有点儿脏。这种状况下，父母如果批评孩子，就会使他做事的积极性降低。因此，即使孩子犯了错，也要表扬他，要肯定他的想法是好的，接着告诉他"事与愿违"的原因，给他讲解其中的道理。这样，既保护了孩子的积极性，也使其增长了知识。

第二种情况比较常见，就是孩子破坏的出发点是好奇。对于一个刚来到世间不久的孩子来说，世界的一切对于他来说都是新奇的，他渴望探索周围的所有事物。因此，他不会满足于好好玩玩具，而常常突发奇想，想知道玩具内部的构造是怎样的；面对一些"神秘"的东西他更是好奇，比如总想知道墨镜为什么能把世界变一个颜色，想知道妈妈的香水瓶里到底藏着什么香气四溢的宝物；同样，钟表、收音机、遥控器之类的家用物品，也都是他容易产生兴趣、动不动就拆开来"研究"的对象。

显然，这时父母如果阻止孩子"破坏"东西，就会伤害他的好奇心，同时也会阻碍他学习知识、发展智力。因此，父母可以采取其他的方式来对待孩子。首先，引导孩子将拆散的物品按照原样装配起来，进一步锻炼他们的动手能力和思考能力；其次，明确告诉孩子哪些物品属于危险品，或者比较名贵、结构比较复杂，拆了装不回去将是很大的损失，因此这些物品属于不能拆的一类；最后，给孩子买一些可以拆装的玩具，供他满足自己的好奇心和动手欲望，让孩子在拆装的过程中体会到快乐，同时锻炼自己的能力。

妞妞今年5岁，活泼好动，只要不出去玩，就在家里摸摸这、碰碰那，家里的每个角落都在她的探索范围内。为此，妈妈着实费了不少心——她知道妞妞是在满足自己的好奇心，也能在探索中学到知识，不能随便阻止，但妞妞经常弄坏一些东西，这让妈妈很是头疼。

上个月，妞妞不知怎么"研究"上了家里的台灯，她觉得台灯一亮、一暗很有意思，就经常趴在台灯前一下一下地按开关，还总是抱着台灯翻来覆去地看。一次，妞妞将手放在亮了很久的灯泡上，一下子就被烫到了，她"哇"地哭了起来，一把把台灯扔到地上，灯泡也摔碎了。妈妈闻声赶过来，既心疼妞妞，又有点儿生气，但她还是忍住没有训斥妞妞。过了几天，妈妈给妞妞买了一个玩具台灯，并且跟她讲了真实台灯工作的原理，她这才觉得满意，抱着玩具台灯研究起了构造。

最近几天，妈妈发现妞妞又对厨房很感兴趣，别人不注意的时候，她就偷偷跑到厨房去摆弄一番。开始，妈妈还以为她是去找吃的，但后来发现她是去模仿自己做饭。虽然没有开火，但她拿着那些瓷盘、瓷碗摆弄，也是相当危险的。妈妈警告了妞妞几次，效果却不怎么好。一次，妈妈正在午休，妞妞偷溜进厨房，打碎了一只碗。这次，妞妞自己也吓了一跳，看着那些锋利的碎片不敢作声。妈妈犹豫了两分钟，还是没有训斥妞妞，她说："妞妞，妈妈知道你想学习做饭。但这些盘子太沉，摔碎了容易划伤手，太危险了。妈妈带你去买一套塑料的餐具，等你长大了，能拿稳真的盘子了，妈妈一定亲自教你做饭，好吗？"妞妞眼里的胆怯消失了，高兴地点了点头。过了一会儿，她看着自己的"成果"，小声地对妈妈说："妈妈，我以后听你的话，不会乱动大人的东西了。"

还有的孩子搞破坏不是因为好奇，也不是为了给父母当小帮手，而是为了发泄自己的情绪。这类孩子的表现是：突发性的破坏东西，而且不是拆、看，而是发狠地摔、扔。这时，父母的训斥可能会让孩子的情绪更加压抑，教育效果可能适得其反，所以，不如弄清楚孩子发脾气的原因，帮他进行调解，或者教他用适合的方式来发泄情绪。

搞破坏往往不是孩子的本意，而是他某种心理或情绪的表现。这时父母最好的做法是了解孩子的心理，尽量满足孩子的需要，而不是盲目地加以阻止。

父母小贴士

　　表面上孩子扮演着"破坏狂"的角色，但如果父母引导得当，他将来也许就是一个小小发明家；看上去孩子"笨乎乎"的，做不好事情，但假如父母耐心教导，就会得到一个很好的帮手。所以，孩子破坏东西只是一种表象，父母不要让这种表象蒙蔽双眼，忽略了孩子行为背后值得关注的心理问题。

2. 虐待小动物的孩子心里有一颗定时炸弹

　　很多父母经常能看到孩子对小动物的喜爱之情，于是会忍不住给孩子买只小动物，比如小鱼、小鸡、小狗、小猫等回家养。可回到家之后，一些父母才发现，孩子常常会用手直接去捏小动物，甚至还用棍子、硬物、玩具等去拨弄、敲击小动物。

　　虐待小动物是日常生活中，孩子因情绪紧张或压抑而引发的一种不良行为。因此，孩子虐待小动物只是一种情绪宣泄方式，目的是发泄心中的不良情绪。这样的行为大多发生在 5 岁左右孩子的身上，其他年龄段的孩子也有可能出现这种行为。

　　儿童心理学家认为，人具有攻击和破坏的本能，当他遭遇心理压力和挫折境遇时，就可能激发他的侵犯动机，出现攻击性。当一个人出于某种原因而不能对侵犯者还击时，往往会找个替罪羊发泄一通。孩子也同样具有这种攻击性，小动物就是他们在情绪不佳时寻找的替罪羊。

　　孩子常常通过以下几种虐待小动物的方式来达到泄愤的目的：追打

小动物，乱踢小动物，用脚踩小动物，揪着小狗或小猫的毛将它们拎起来，有的孩子还喜欢用剪刀剪小猫、小狗的毛，甚至用棍棒狠狠地打小狗、用打火机烧小动物的毛。同时，孩子在欺负小动物的时候，看到它们狼狈的样子，常常会高兴地大笑，或者表现得十分兴奋。孩子的这些表现往往让大人觉得原本可爱的孩子变得很"残忍"，甚至有点儿"变态"。但实际上，孩子也许并非有心，只是他们心中埋藏着很多不良情绪，一旦累积到某种程度，就要用某种方式发泄出来，正如埋藏了一颗定时炸弹，到点儿就要爆炸一样。

哪些不良情绪容易让孩子"迁怒"到小动物身上呢？

第一，如果父母忙于工作，很少有时间陪伴孩子，回家后对孩子的关注也比较少，导致孩子的生活过于无聊、乐趣太少，孩子就会将注意力转移到其他小动物上，并且会在虐待它们的恶作剧中寻找刺激和乐趣。

有这样一个故事：某个妈妈养了一只小狗，每天回家第一件事就是亲亲、抱抱小狗，然后才去关注自己的儿子。儿子为此很生气，于是每天都会把家里的垃圾翻出来，从垃圾堆中拣一些剩饭剩菜喂给小狗吃。一天，妈妈回到家里，正奇怪小狗怎么没来迎接自己，仔细一看，才发现它正趴在地上啃垃圾。于是她想到自己每天都要先亲一口小狗的场景……

故事虽然夸张，但却反映了父母对孩子的忽略会让孩子产生不良情绪的事实，进而导致孩子把气撒在家里的宠物身上的后果。因此，一些过于宠爱家中小动物的父母要记住，孩子永远要比宠物重要，多关注孩子的心理健康，让孩子感受到父母的爱，孩子才能拥有一个健康的心理。

第二，有的孩子好胜心很强，但与周围的小朋友相比并不优秀，于是自尊心受挫，就可能会通过伤害小动物来获得心理的满足和平衡。孩子是很聪明的，当他在外面的表现不如别的小朋友，而感觉到自卑时，就会寻找其他途径发泄不满。而他发现小动物在自己的追赶、踢打下出现害怕的神情时，自己想当"强者"的心理就会得到满足，因此下一次遇到挫折时，还会把账算在小动物身上。

这种情况怎么应对呢？首先父母不要给孩子太大的压力，别要求他事事都做到最好；其次，如果发现自己的孩子很好胜，要教育他保持一颗平常心，培养他经受挫折的承受力，并且让他学会通过倾诉、甚至哭泣等发泄自己的情绪，不要通过伤害小动物来泄愤。

第三，父母对孩子太凶、太严厉，孩子就会感觉精神压力大、精神紧张，如果不懂得自我缓解，就有可能通过特殊途径来释放自己的负面情绪。而如果孩子加入对父母的模仿，就会以强硬的态度来对待比自己弱的对象，那么这个对象就很可能是家里的宠物。

心理学上的"踢猫效应"就是一个很好的说明：一个父亲在公司受了老板的责骂，回家之后看到在沙发上跳来跳去的孩子，一来气打了他一巴掌；孩子感觉很窝火，又不敢对父亲发作，就转身狠狠踢了脚下的猫；猫受到惊吓，跑到街上，正好一辆卡车开过来，司机为了避让，结果撞倒了路边的行人。

这个效应的前半部分表明了，如果父母对孩子态度差，就会直接导致孩子虐待小动物。后半部分的灾祸虽然是一种比较极端的情况，不一定会发生，但"前因"产生的"后果"却一定是负面的——对于虐待小动物的孩子来说，他们的情绪虽然一时得到了释放，但这种错误的途径会导致他们日后行为的偏差，那就得不偿失的。因此，父母一定要重视对孩子的态度，无论在外面有多大的怒气，回到家之前，都要忘掉不愉快的事情，换上笑脸，给孩子一个好的相处氛围，不使孩子因此而心理扭曲。

当然，也不排除有些孩子虐待小动物是无心的行为，他们也许只是觉得小动物做出的反应很好玩，并没有想到自己的行为会给小动物带来伤痛。所以，父母一旦发现孩子有虐待小动物的行为，就要晓之以理，让他知道这样对小动物是不公平的，以此激发孩子的同情心，让孩子学会友善地对待小动物。

孩子虐待小动物并不是一种怪癖，更不是变态的行为，父母只要仔细分析，就一定能找到导致孩子这种行为的心理因素，进而加以调解，孩子就会改掉这样的行为，同时拥有一个健康的心理。

父母小贴士

孩子是人类社会中的弱势群体，他们之所以虐待小动物，多半是为了在这一过程中找到满足感，证明自己的强大，发泄自己在成人世界中受到"不公平"待遇而产生的愤怒情绪。所以，父母解决这一问题的关键，就是消除孩子心中的自卑等阴影，教他们通过健康的途径来化解不良情绪。

3. "匹诺曹"附身——孩子为什么要说谎

相信很多父母都知道《木偶奇遇记》这部动画片，其中有一个叫匹诺曹的孩子，一说谎话鼻子就会变长。这样的形象出现在动画片中，固然很好玩，可以博人一笑，但如果出现在现实生活中，尤其是当自己的孩子成了小小"匹诺曹"时，父母就不免要担心了。

很多父母在孩子三四岁的时候，发现原本纯洁的孩子竟然学会了说谎，一件事明明是白的，他偏要说成黑的；有时还会无中生有地捏造一些事，骗大人相信自己。并且，他们似乎还以说谎为乐趣，不但屡教不改，甚至越来越严重。遇到这样的情况，相信父母们一定非常忧虑，很想知道孩子是从哪里学到的这个毛病，又该怎么帮孩子改掉说谎的习惯。

孩子爱说谎，很多父母都会觉得是一件"了不得"的事情，是孩子恶劣人格的开端，是影响孩子一生的坏习惯。但实际上，孩子说谎是一种再正常不过的现象。有科学家认为，人从生下来那刻起，就有欺骗和说谎的能力，甚至刚出生的婴儿，也拥有一种天生的了解他人的能力，因此哪怕他们还不会说话，也会用自己的表情去欺骗大人，而当孩子学会说话之后，说谎就成为再正常不过的事情了。瑞士心理学家让·皮亚杰就认为："撒谎的倾向是一种自然倾向，它是如此自发、如此普遍，我们可以将其作为儿童自我中心思维的基本组成部分。"明白了这些，那些"匹诺曹"的父母们就该放下过于焦虑的心了：孩子撒谎是很正常的。

从孩子撒谎的目的来说，由于他们思想单纯、智力有限，因此撒谎一般都不是为了骗人，大多只是由于认知的狭隘，看到什么就说什么，说出来的话即使不符合事实，他们也不知道自己是在说谎。正如德国儿童心理学家斯特恩所说："儿童直到七八岁，都不能完全陈述事实，他们并非要欺骗谁，他们甚至不知道自己在做什么，他们只是根据自己的需要而扭曲现实。"因此，父母发现孩子撒谎，尤其是 8 岁以下的孩子撒谎，不要轻易地将这种行为与孩子的人格、品质联系起来，而是要了解孩子撒谎的原因，引导他正确地认清事实，杜绝撒谎。

年龄比较小的孩子"撒谎"时常会带着"幻想"的意味。比如，他们可能会说自己看见蚂蚁在水中游泳了、小狗在天上飞了等大人看来非常荒诞的话。这一方面说明孩子的认知能力非常有限；另一方面可能透露出孩子的意愿，比如他想要飞到天上，或者想亲自体检一下游泳的感觉。这时，父母不要随便说孩子"瞎说"，要把事实告诉他，让他明白自己说的事情不可能存在；同时，如果发现孩子确实把自己心中所想说了出来，那么父母就要尽量满足孩子的意愿。

有的孩子会恶作剧似的编一些谎话，比如无中生有地说奶奶打了自己；有的孩子则因为犯了错，害怕父母的责罚，因此否认自己的行为。这两种撒谎行为看起来有些"恶劣"，但也并不代表孩子的品质就是恶劣的，而有可能是父母曾经的反应导致了孩子"再犯"。

美国心理学家和行为科学家斯金纳、赫西、布兰查德等人提出了"斯金纳的强化理论"。该理论提出，根据一方操作形式的不同，可以促使另一方的行为增强或者减弱。操作形式包括正强化和负强化，在父母教育孩子的过程中，如果这两种方式使用不当，都可能造成孩子说谎。其中，正强化是指给予愉快的刺激，使行为得到强化。比如，一个孩子有一天无意撒谎，说自己在学校得到了老师的表扬，母亲如果不仔细询问事情经过，立刻给予奖赏，孩子就会受到正面的刺激，进而不断说出类似的谎话。负强化是指消除厌恶的刺激，使行为得到强化。比如，孩子每次回家晚都会受到父母的批评，但有一次他谎称自己是为了帮助同学才晚回家，因此躲过了父母的惩罚，下次他也会为了逃避惩罚而继续说谎。

由此可见，对于孩子来说，即使说谎是为了满足自己的虚荣心或者躲避惩罚，带有一定的不纯的目的，父母也不要认定孩子的品质出了问题，其实这多半是孩子"条件反射"般的歪曲事实，是父母曾经给过他错误的反应而造成的。这时，父母要纠正孩子的行为，首先要告诉他："做错事没什么大不了，大人有时也会做错事，但说谎就是一种不好的行为了。如果你能跟我们说实话，做一个诚实的人，爸爸妈妈就不会惩罚你。"其次，父母要改变自己对孩子的态度。一般来说，孩子的"谎话"都很"劣质"，不是太夸张，就是带有明显的漏洞。比如，他可能会说自己单独帮老爷爷把三轮车推上了坡，或者说是小狗跳上了书架打碎了上面的摆饰，甚至每天回来都说学校考试了、自己得了第一名……当孩子这样说时，父母不要含糊过去，要将事情问清楚，得到真实的结果，再做判断。这样，孩子就会明白谎言会被揭穿，撒谎是一件不光彩的事情，以后就会减少撒谎的频率，甚至不会再撒谎了。

当然，父母如果不想让孩子沾染上撒谎的坏毛病，自己就要以身作则，先做一个诚实的人，无论出于什么原因，都不要随意欺骗孩子。一旦欺骗，要立刻向孩子说明，并且道歉。别为了自己的面子，影响孩子健康心理的形成。

父母小贴士

孩子就像一棵树苗，因为有风等客观因素的存在，长歪似乎是一种必然趋势。父母的作用，正是及时纠正树苗的长势，保证它的朝向没有偏差；而不是不允许它有长歪的趋势。所以，对待孩子的撒谎行为要有一颗平常心，当然也要有立刻拯救的意识和决策。

4. 和妈妈对着干——孩子陷入了"禁果效应"

心理学上有一个"禁果效应"，本来指的是恋爱中的男女受到父母的反对时会更加相爱。不过这个效应同样适用于父母对孩子的教育。当父母越是反对孩子做某件事时，孩子做这件事的愿望可能就会越强烈。因此造成了孩子的逆反，看起来就好像总在跟父母对着干一样。

生活中很多父母都有这样的苦恼：孩子原本乖巧听话，但到了某一个时期，突然变得"逆反"起来，不愿再听父母的指挥，甚至专门和父母对着干。父母指东，他偏要朝西去；父母刚下一个指令，他的"不"就立刻脱口而出。要他别将水杯打翻，他偏偏要故意弄翻它；刚下过雨，告诉他别踩在水坑里，他偏挑有积水的地方走；让他穿好鞋再下床，他偏要光着脚丫在几个屋子间跑来跑去……

为什么孩子会变得如此逆反呢？父母可能一时间接受不了，但从人的心理角度来看，这是一种很正常的现象。心理学家之所以提出"禁果效应"，是建立在这样的研究结果之上的。心理学家研究发现：人都有一种自主的需要，都希望自己能够独立自主，不愿做一个被别人控制的傀儡。一旦别人总来为自己决定事情、替自己做选择，并将这些强加于自己时，就会感到主权受到了威胁，从而产生一种抗拒心理——排斥自己被迫选择的事物，同时更加倾向于选择自己被迫失去的事物。因此，处在"逆反期"的人们才会常常去做一些明知不对的事情，他们这时也许并不是不知道自己的选择有错，而只是为了捍卫自己的主权。这一点在孩子身上同样存在。

而孩子之所以会由听话变得不听话，是因为孩子从生下来起就是依赖母体的，几乎没有自我意识，因此父母说什么他就听什么。而到了2岁左右，孩子的自我意识开始显现，这时就会逐渐意识到自己的"主权"落在了父母手中，于是便极力想要"抢"回来，这才会出现开始"不听话"的现象。随着孩子年龄增长，对事物认知的深入，这种情况会有所缓解。

心理学家曾经做过这样一个实验：找来一些孩子、几个茶杯，实验者把茶杯倒扣在茶盘里，放在孩子面前——孩子毫无兴趣。但当实验者对孩子说"不要动这些茶杯"之后，孩子们不甘心被禁止，几乎所有的孩子都开始趁着实验者"不注意"的时候企图偷偷掀开杯子。这时，实验者突然说道："你们想要看就看吧，也没什么稀奇的。"这句话说完，竟然有将近一半的孩子放弃了掀看杯子。

父母一旦明白孩子的心理之后，就可以找到应对的办法了。既然孩子是在维护自己的"主权"，那么就尽量将决定权交给孩子，让他拥有决定事情的权利，这样孩子就不会再为了和父母对着干而一味地做错事。

对于一些父母希望孩子能够做到的事情，或者说非做不可的事情，可以通过改善沟通技巧来让孩子按自己的想法去做。比如，有些孩子不喜欢喝水、不喜欢吃水果，父母越是强迫，孩子越会反抗，坚决不从。这时，父母不妨对孩子说："如果你现在不渴，那就等下你觉得渴了再喝。我可想多喝一些水呢！"也许孩子过不了一会儿就会朝父母要水喝。关于吃水果，父母也不要强迫孩子"吃个苹果"，可以问孩子："宝贝儿，你是想吃苹果，还是想吃香蕉？"这样，孩子觉得自己得到了尊重，有选择的权利，就不会对吃水果那么抗拒了。

对于一些无关紧要的事情，父母则可以放手让孩子自己去决定，这样一来能够减少孩子的反抗情绪，给孩子自由的空间；二来也可以避免因为父母包办太多，孩子失去自己的主见。生活中有些父母总是管得太多，不准孩子做这个，也不让孩子去那里，孩子失去了很多自我探索的机会，不仅心中的逆反情绪会越来越严重，还有可能形成沉默寡言、犹豫没主见的个性。父母不妨放开对孩子的束缚，让他在独自做事中体验成功的快乐，同时减少与父母的对抗。

孩子逆反，陷在"禁果效应"中，其实也不是一件坏事，只要父母懂得引导，还能给孩子的成长带来好处呢。

蜜蜜是个长相甜美、身材修长的小女孩，大家都说她是一块天生学舞蹈的好材料。蜜蜜自己也很喜欢舞蹈，于是在她5岁的时候，妈妈就为她报了一个芭蕾舞培训班。开始的两年里，练习虽然比较辛苦，但因为蜜蜜很喜欢，所以从来没有叫苦叫累，而是学得非常认真。妈妈看了也很高兴。但就在第三年，蜜蜜有了一定的基础、眼看就要小有所成的时候，她突然产生了厌烦情绪。她甚至觉得，别的小朋友放学就能回家玩、看动画片，妈妈却要"逼"着自己不停地练舞蹈，对自己很不公平。于是，她开始喊累、开始偷懒。面对蜜蜜的态度，妈妈知道，如果"牛不喝水强按头"，只会让她更加反感。

几天后，妈妈买回一双非常漂亮的芭蕾舞鞋，还有一套国内顶级老师的舞蹈教程，但只给蜜蜜看了一眼，就锁在了柜子里，并告诉她"另有用途，不许乱动"。这下蜜蜜像被拿了魂儿似的，每天惦记着那双精美的舞鞋，还想目睹一下顶级舞蹈老师的风采。于是，她开始妥协，向妈妈保证自己会好好练舞蹈，希望妈妈能把那两样东西送给自己。妈妈拒绝了两次。在蜜蜜第三次诚恳地向妈妈请求的时候，妈妈将舞鞋和教程给了她。蜜蜜对这两样东西很宝贝，再也没说过自己不想练了的话，而是比以前更加用心了。

"禁果效应"是一种人之常有的现象，父母不用为孩子陷入这个效应而担心，只要学会变通，提高和孩子沟通的技巧，就能化解孩子的顽强反抗；同时，要是能够巧妙地运用"禁果效应"，它还能成为父母督促孩子努力学习、形成良好习惯的帮手。

父母小贴士

夏娃偷尝了禁果，潘多拉打开了宝盒，为什么危险的"禁果"总是格外受欢迎？它不是真的甜，而是代表了一种权利。正像一个国家需要拥有自主权一样，一个人最基本的需求也是拥有自主权。开始追求自主权的孩子，就像是一只风筝，父母将线拉得越紧，孩子就挣扎得越厉害。不如给孩子足够宽松的空间，给他一片自由翱翔的天空，让他"飞"出自己的精彩。

5. 有恋物情结——孩子需要情感寄托

中国有句谚语："孩子的脸，六月的天，说变就变。"这句话形容的是孩子的情绪变化很快，大人很难捉摸。实际上，不只是孩子的脸、情绪，孩子的心思也是很难捉摸的，大多数时候他们喜欢新奇的、新鲜的事物，常常看到新的就忘掉旧的；但有些时候，他们又会对一件旧物情有独钟，表现出异乎寻常的喜爱，甚至是依赖。

有些父母会发现自己的孩子存在这样的情况：常常抱着一个玩具或者其他物品，几乎是走到哪带到哪，有时还会对着它倾诉、爱抚。如果别人将这件东西拿走，孩子就会表现出非常激烈的反抗情绪。如果你的孩子有类似行为，那么就要当心孩子可能有"恋物情结"了。

儿童的恋物心理是一种常见的现象，主要表现为以下几个方面：第一，在众多的同类物品中，孩子只喜欢其中的一个，比如，同样的毛绒玩具，他只要那一个，即使有了磨损、残缺，也舍不得丢掉；第二，每天都离不开它，甚至一刻也离不开它，吃饭、睡觉、外出、玩，就连上学也要带着它；第三，孩子经常对着它说话、闻气味、吮吸，好像它是自己不可或缺的亲密伙伴一样；第四，不管物品多么破旧，孩子也拒绝换新的，哪怕是换一个一模一样的。

孩子迷恋某种物品，其实是安全感缺失的一种表现。恋物是一种依恋行为，是孩子在从"完全依恋"转为"完全独立"的过渡期间所产生的行为。孩子产生依恋行为，绝大多数发生在出生后6个月至3岁之间，在2岁左右时表现得最为强烈。孩子依恋某种物品，是因为它能给孩子安全感，是孩子内心的依靠，对孩子来说非常重要。容易让孩子形成依恋的，大部分是那些孩子经常接触到的、可以让孩子拥抱的、享有绝对控制权的物品。比如，他们经常盖的毯子、经常用的杯子等。

很多孩子在成长的过程中都会有一定程度的恋物情结，适当地依恋某种物品能够给孩子带来安全感，父母不用过于担心。但如果孩子的恋物情结比较严重，比如过了5岁仍有恋物情结并且趋于明显，那么父母就要当心其发展成为"恋物癖"。所以，如果父母发现孩子有比较严重的恋物倾向，就一定要通过适当的措施来缓解或消除孩子的恋物情结。

儿童教育学家认为，既然孩子的恋物情结是由缺乏安全感引起的，那么预防或逐步戒除孩子的恋物情结，也要从增强孩子的安全感入手。

第一，创造良好的家庭氛围。孩子缺乏安全感，通常都与家庭氛围差有关。父母爱吵架、感情不和，甚至离异，都会让孩子产生极大的不安全感。在重视对人的心理分析的美国电影中，就经常出现父母离异、孩子快速形成严重恋物心理的情节。可见，家庭的温馨是保证孩子心理健康最关键的因素，父母要尽量给孩子创造一个良好的家庭氛围。

第二，父母要多表达对孩子的爱。所有父母都是爱孩子的，但现实中，并不是所有孩子都能深刻感受到父母的爱，甚至有些孩子成年后，还会说出"你根本不爱我"之类的令父母伤心的话。这其实是因为，父母没有通过孩子能够理解的方式来表达自己的爱。对于孩子来说，物质的充足，远远比不上心里的感受。父母只有经常给孩子爱抚、拥抱，多和孩子进行温情的眼神交流、多用语言表达自己的爱，才能让孩子更直观地感受到浓浓的爱意。所以，父母不要觉得难为情，多伸出双手拥抱孩子、爱抚孩子，孩子受伤的时候要如此，平时也要坚持这样做。孩子被包围在真实的爱和关怀中，怎么会再去依恋那些没有生命的物品呢？

第三，很多恋物情结也源于孩子独处时的恐惧。有些父母为了让孩子早日独立，很小就让他自己睡一间屋子；还有些父母忙于工作，经常把孩子一个人留在家里。这些独处时的孤独和恐惧，都有可能促使孩子去寻找一个忠实的"伴儿"，和它"谈话""玩耍"，正如漂流到荒岛的鲁滨孙要找一个足球来充当自己的朋友一样。

这就告诉父母，不管出于什么原因，都不要长久地将孩子独自留在家中，即使是要训练孩子独自睡觉的习惯，也要关注孩子的内心感受。如果孩子感到害怕，父母除了要安慰他之外，还应在睡前多陪伴他一会儿，给他唱一首歌，或者讲一个童话，等到孩子睡着了再离开。

乐乐今年 4 岁半，性格很是活泼，在幼儿园里是一个积极分子。但最近，老师向乐乐的妈妈反映，乐乐有点儿沉闷，在幼儿园的表现也差了一些，总是抱着一只毛绒长颈鹿坐在角落里，中午睡觉也要抱着。老师觉得天热，想帮他拿开，他就很不高兴地哭起来。妈妈仔细回想了一下，乐乐开始要求带着"长颈鹿"去幼儿园，好像是从自己和他分房睡开始的。

前一阵子，妈妈觉得乐乐长大了，应该自己睡一间屋子，就把儿童房整理好，当晚就让乐乐搬了过去。睡到半夜，乐乐要求回到妈妈房间，妈妈想了想，还是一狠心拒绝了。接着，没过几天，乐乐好像就和这只"长颈鹿"形影不离了，还给它起了名字——"小小乐"。想到这里，妈妈觉得自己可能有些太着急，让乐乐产生了不安全感，才和"长颈鹿"有了"相依为命"的感情。

为了不让乐乐发展成"恋物癖"，妈妈每天晚上都会到乐乐房间里，开一盏灯光柔和的台灯，给他讲一个有趣的故事，或者唱一首摇篮曲。在得知乐乐很怕黑之后，妈妈故意经常把灯关上，和乐乐在房间里捉迷藏，还让乐乐看外面美丽的夜景、天上的星星。没多久，乐乐的活泼劲儿就回来了，对独自一人睡觉的恐惧降低了很多，对"小小乐"也不那么依恋了。

父母避免让孩子产生恋物情结，除了要加强对孩子的关爱、营造良好的家庭氛围之外，还要在给孩子买东西的时候花点儿小心思。比如，对于孩子比较容易产生依恋的柔软之物，毛巾、抱枕、毛毯等，尽量多买几件，让孩子轮流用，从而减少他与其中一个过多的接触，避免产生依赖。

父母小贴士

有恋物情结的孩子，他们的共同特点是仿佛生活在一个独立封闭的空间，外界的阳光、雨露，甚至快乐都与他们无关，只有在和依恋物的"二人世界"中才能找到自己的存在。孩子不向往美好的事物吗？当然不是，他们只是没有勇气相信这些事物也可以属于自己。所以，父母消除孩子恋物情结的关键，就是打开孩子阴暗的小心灵，放入亲情、乐观和阳光。

6. 沉默不是金——孩子或有社交恐惧症

英国一家智囊机构于 2010 年 12 月份发表研究报告称，社交技能必须从孩子抓起，应当针对 5 ~ 8 岁的孩子设立社交技能课程，让他们学会愤怒管理、压力处理，教他们解决交朋友中遇到的问题，否则错过这个关键期，从小就缺乏社交技能的孩子，长大后将会出现行为不良、学习困难、社交恐惧等问题。

在所有人的印象中，儿童都应该是天真烂漫、活泼好动的，这符合他们的年龄特征，也体现了他们健康、外向的心理。但实际上，并不是所有孩子都如我们想象的那样活泼，很多孩子独处或者跟家人在一起时，表现得很自如，而一旦到了室外、跟陌生人有所接触时，就立刻"缩"了起来，不说话、不爱笑，甚至有些害羞、胆怯、恐惧。"沉默是金"，这是无数的社会经验给我们的启示，但如果天真的孩子也总以沉默示人，就不是一件好事了，这时父母就要警惕，孩子是否有得"社交恐惧症"的倾向。

那么，哪些孩子处于得社交恐惧症的危险边缘呢？第一，性格特别内向的孩子。有些孩子身上很少有儿童天真活泼的天性，像个大人般老成，不喜欢与人过多接触，喜欢安静和独处。第二，情绪不稳定的孩子。这类孩子对各种刺激的反应都过于强烈，情绪激发之后，又很难平复。第三，自卑感强的孩子。自卑的孩子往往不敢主动和别人沟通，潜意识里认为自己缺乏社交技巧和能力，所以不敢自在地和别人交往。第四，情感过于细腻的孩子。有些孩子心思非常细密，能够敏锐地察觉出别人对自己的态度，但凡别人有一点儿不喜欢自己的神情，就会影响他与别人交往的心情；进而还有可能导致他在与其他人的交往中也很容易紧张、害怕。

心理学家经过多年研究发现，许多成年人在社交中表现出来的拘谨、害羞、恐惧，都可以追溯到他的儿童时代，与其儿时所受的影响有很大的关系。患有社交恐惧症的孩子，大多生活在父母感情不和谐的家庭，或者经常受到父母严厉的对待和否定，父母的这些做法往往会导致孩子的心理紧张。如果这种紧张不能及时得到缓解，那么他的羞怯、内向心理就会持续到成年之后，妨碍其社交和工作。

那么，父母要从哪几个方面努力来消除孩子的社交恐惧呢？除了前文已经多次提到的要营造一个良好的家庭氛围之外，还要从以下几点做出努力：

首先，父母要明白，导致孩子社交恐惧的原因是多方面的，如有的孩子生性腼腆，有的则是在与别人的交往中有过被呵斥、被否定的经历，这就容易使孩子产生自卑，于是出于自我保护，而不愿与别人交往。这时，父母除了要注意自己不要实行"强硬式"的教育之外，还要在孩子进行社交初期，尽量让他接触一些比较和善的人，为孩子培养良好的社交心理和技能打下基础。

生活中我们有时会看到这样的场景：一个妈妈带着孩子在外面玩，遇到一个外表比较粗犷的熟人，就让孩子叫"叔叔"。孩子看着对面的男人，本来就有些害怕，熟人突然冲着孩子"吼"一句："快叫！不叫我要把你抱走了！"虽然熟人觉得这是一种逗弄的方式，但却有可能让孩子受到惊吓，从此对同类人甚至所有陌生人都产生恐惧心理。

儿童心理诊疗室中，很多孩子都曾经因为这样的"吓唬"而产生心理阴影，有的不敢和陌生人说话，有的不愿再靠近成年男人，甚至还有胆小的孩子不停地问妈妈："那个叔叔真的会把我抱走吗？"显然，这会对孩子产生较大的负面影响。所以，父母要吸取教训，千万不要让孩子有了心理阴影后，再去费尽心力地消除它。

其次，孩子到了一定年龄，会出现交际的萌芽，开始有与家人之外的人交往的需求。一般这个年龄在 2 ~ 4 岁之间。在这个年龄段，父母应该多带孩子到室外去玩耍，让他多和别的小朋友接触，给孩子创造一些交际的机会。在条件允许的情况下，还可以多带孩子参加一些集体活动。另外，适时将孩子送入幼儿园，也能创造一个很好的锻炼机会，使孩子的交际能力获得良好的发展。

另外，对于一些天生比较内向的孩子来说，只创造交际机会可能是不够的。这时，父母就要给不善交际的孩子做出示范，当孩子有所起色时则要强化训练，直到孩子形成较强的社交能力。

有研究者曾经做了这样一个实验：让一名善于交际的孩子充当示范者，向那些性格内向、不善于交际的孩子演示各种社交技能。比如，对别人微笑，进行适当的身体接触，口头邀请等；孩子掌握了最基本的技能之后，示范者被进一步要求给孩子示范如何参与到别人的游戏当中，怎样对同伴做出友善的回应，怎样与同伴分享食物、玩具，怎样给予同伴关心、帮助和同情，怎样向对方表达赞美之意。结果显示，示范者亲自演示出来的做法，更容易被孩子们接受；即使那些非常内向的孩子，也能在别人的邀请之下做出回应。

最后，孩子如果在与别人的交往中遇到问题，父母切忌责怪与孩子交往的另一方，也不要替孩子出面解决。父母可以将自己的经验告诉孩子，引导他，或者告诉他方法，让他靠自己的努力去解决问题。这样，孩子就不会因为在社交中遇到问题而心生恐惧。

社交技能是孩子在社会上生存的必备能力之一，父母千万不要认为无关紧要，而要通过正确的引导让孩子早日掌握。

父母小贴士

　　把孩子关在温室当中，培养成一株娇嫩花，那么当孩子走上社会的那一天，他将禁不起一点儿风吹雨打；引导孩子做一片顽强的爬墙虎，自由地攀岩、与别人产生交集，体验交流的快乐，这样，孩子将来的生命力才会顽强，生活才能是快乐自在的。

7．小小"人来疯"——背后心思知多少

有的孩子平日里安安稳稳，但家里一来人就立刻变为"小疯子"，好像身上装了一个按钮，一按就会"疯狂"起来。这类孩子有一个统一的称谓，叫作"人来疯"。很多父母觉得"人来疯"是一件挺有趣的事情，还会拿此来跟自己的孩子开玩笑。但实际上，"人来疯"的形成有着一定的心理因素，或者说是某种心理不健康的表现。如果不加以注意，可能对孩子的心理发展造成不良影响。苏联教育家苏霍姆林斯基曾说："假若

孩子在实际生活中确认他的任性要求都能被满足、他的不听话并未招致任何不愉快的后果，那么就渐渐习惯于顽皮、任性、捣乱、不听话，之后就慢慢认为这是理所当然的。"

很多父母都发现，自己的孩子就像一个小小"两面派"，平时比较听话，做事有礼貌、懂规矩，但只要家里一有客人，孩子就像变了个样子，行为很异常，在客人面前跑来跑去，大声喧哗，活蹦乱跳，就好像在进行一场非常热情的表演。不仅如此，他还对很多事情都来了兴趣，突然吃得很多，一会儿吵着要吃这个、一会儿要吃那个；还拿着自己喜欢的玩具在客人面前夸张地摆弄。总之，他会表现出异常兴奋的样子，很像是故意做给客人看的。这时，如果父母加以阻止，他会以更加兴奋的神态来表示抗议；假如父母动用"武力"，他会闹腾得更加厉害，比如满地打滚、号啕大哭，弄得父母无法收拾残局……

父母一定都很疑惑：孩子为什么会有如此异常的举动呢？心理学研究表明：几乎所有"人来疯"孩子的行为，都可以归结为一个主要目的——感受自己的重要性，同时让别人也意识到自己的重要性。

具体说来，"人来疯"行为的原因有以下几个：首先，孩子的自我意识在增长。孩子2岁之后，自我意识会逐渐加强，非常希望别人能够注意到他的存在，于是就凭借自己的经验，以这种"闹剧"似的方式来吸引别人的注意。其次，孩子的交往需求在平日里得不到满足。如果父母平时对孩子的关注较少，也很少带他到室外与别人进行交流，导致孩子的交往圈子很窄，那么他交往的渴望就会在客人到来时"迸发"出来。这时如果客人对孩子没有表现出足够的热情，孩子就会"变本加厉"，拼命地做夸张、异常的行为，好引起大人的关注。另外，当孩子出现这种行为而父母碍于客人的面子没有加以制止时，孩子就会得意忘形，表现得更加离谱。还有，假如父母平时对孩子管教很严，既不让孩子跟外界过多接触，自己也没能和孩子多交流，使孩子平时总有一种不被重视、不被喜欢、不被接纳的感觉，那么他就很可能在见到新面孔的时候极力表现自己，希望引起对方的注意。

淘淘刚满 4 岁，平日里比较安稳，与自己的名字并不那么相符。但令妈妈奇怪的是，只要家中一有客人，淘淘立刻变成名副其实的"淘气包"，像孙悟空似的跳上跳下，口中念念有词，还在客人面前不停地翻跟头，要多活跃有多活跃。妈妈虽然对淘淘的行为感到奇怪，但是碍于客人在眼前，也很少用强硬的态度对待淘淘，只是轻声劝他去别的屋子里玩。谁知，她的劝说往往像是"火上浇油"，能够把淘淘的热情之火点得更旺。一次在无奈之下，妈妈训斥了淘淘。淘淘很伤心，跑回自己的房间哭了起来。

晚上，妈妈把客人送走之后，看淘淘还在噘着嘴、一脸不高兴的样子。她走过去，刚要哄淘淘，淘淘却对她大声喊道："你从来不理我！从来不跟我玩！你不是好妈妈！刘阿姨跟我玩，你还不许我出去！"听了淘淘的话，妈妈一下子愣住了。她没想到，4 岁的孩子心中竟然埋藏了这样的想法。她深深懊悔起自己的行为。

就像一个从来没吃过糖的孩子，在尝过了糖的甜味之后无法再抗拒糖一样，在生活中备受冷落的孩子，也会抓住一切客人光临的机会用心表现自己。当然，孩子的这种行为归根结底代表着不健康的心理，父母应该予以纠正。不过，父母不宜用强硬的方式来阻止孩子，因为孩子本身就很闹，父母必须用更大的声音才能制止他，这样一来，不但达不到好的效果，还会让孩子更加反叛，同时也会让客人觉得尴尬。下面几种方法，是父母对待"人来疯"孩子的不错选择。

在平常的生活中，父母要多陪伴孩子，让孩子不至于产生被冷落的感觉。同时，也要教孩子学习礼仪规矩，让他懂得客人来了什么该做、什么不该做；或者在给孩子讲故事的时候，将这些糅合在故事中，讲给孩子听，这样孩子的记忆往往会更深刻。在客人到来之前，父母再给孩子强化一下这些内容，让孩子明白接下来应该怎么表现。

客人来了之后，父母应该让孩子适当加入与客人的交谈之中，而不是强迫孩子"回屋"，否则孩子被压抑的情绪会更容易爆发。父母可以让孩子与客人交谈，也可以让孩子做一些简单的如送水、递零食之类的事情，这会让孩子感觉到自己的重要性，就不会再拼命寻找"突破口"来让客人注意到自己了。

客人走了之后，如果孩子表现得好，父母要及时进行奖励，即使只有语言上的，也不要觉得没有必要。表扬会满足孩子小小的虚荣心，督促他下一次做得更好。相反，如果孩子做得不好，父母就要帮他回顾、检讨，告诉他这样做客人是不会喜欢他的，从而让他改掉不好的毛病。

避免和改正孩子的"人来疯"行为，最重要的是了解孩子的心理，满足他的需要。孩子的正常需求得到了满足，当然就不会再费尽力气去做那些不正常的行为了。

父母小贴士

"物以稀为贵"，这句话用来形容孩子形成"人来疯"行为的原因很贴切。正是因为孩子见的人太少了、得到的关注太少了，才会对一个新面孔的出现那么在意。所以，父母让孩子多接触外面的世界，给孩子创造正常的社交机会，不仅是改掉孩子"人来疯"毛病的好方法，还是保持孩子正常心理的必要途径。

8. 戒不掉撒娇——孩子的真实目的何在

人是感情丰富的动物，而撒娇正是一种爱的表达方式；同时，撒娇也像其他喜怒哀乐等情感一样，没有人能完全压抑或控制它。撒娇能显示出情感的特质，对于成人和儿童来说都是如此。相比之下，在儿童身上，撒娇更能充分地显示出他们纯真、可爱的一面。对于孩子来说，撒娇的背后寻求的是父母的怜爱，因此，他们每次撒娇时都很渴望得到父母温和的回应。

撒娇，总的来说，是孩子通过示弱的方式达到自己心理预期目的的做法。从孩子的成长过程来看，孩子在 2 岁左右就可能懂得用撒娇的方式来和父母交流了，其中又以 4 岁左右的孩子最甚。爱撒娇是一种很正常的现象。孩子撒娇，与得不到满足哭闹是两种不同的做法，或者可以说比哭闹要高明一些。哭闹的做法很直接，容易让父母产生反感；而撒娇则比较委婉，更多的是示好、示弱、扮乖，或者做出肢体的亲密动作，这会使父母在心理上更容易接受。

孩子想通过撒娇达到的目的一般分为两种：一是为了得到某种实质性的东西，如零食、玩具，或者父母带自己出去玩的承诺等；二是孩子缺乏安全感的表现，对着父母不停地撒娇是在渴望得到父母的关注和爱。

如果孩子仅仅将撒娇作为自己得到某种食物、玩具或承诺的手段，那么问题就简单一些，所涉及的心理问题也轻微一些，孩子可能只是为了达到吃一颗糖的目的，就跟父母又亲又抱，哼哼唧唧，甚至"梨花带雨"，直到父母同意为止。这时，在合理的情况下，父母可以直接应允；如果孩子的要求比较过分，父母就可以通过"转移"和"定规矩"的方法来进行回绝。

毛毛很喜欢吃糖，但他知道妈妈不让自己吃太多的糖，于是就想着法子软磨硬泡、向妈妈撒娇，好让她对自己"放宽政策"。起初，这个"糖衣炮弹"还真管用，看着毛毛那可爱又可怜的样子，妈妈几次都妥协了。但几天之后，妈妈发现毛毛吃糖过多，再这样下去很容易长蛀牙。于是，她就给毛毛定了一个规矩：每天只能吃一颗糖，并且不许通过撒娇的方式来妄想获得更多。如果毛毛做得好的话，妈妈就会奖励他一朵小红花。这样，毛毛为了自己的"小荣誉"，果然没有再用撒娇的手段来吵着要糖吃。

不停要吃糖的毛病虽然改了，但另一个小毛病又来了：毛毛开始不断地要妈妈带他到游乐场玩。妈妈不同意，他就百般撒娇，黏在妈妈身上不下来。妈妈没办法，只好说："我觉得游乐场虽然好玩，但是每个月去一次就足够了，每个礼拜都去的话，既浪费钱又没有意义。不如下楼踢足球，还能锻炼身体。"毛毛一听，有些心动，对妈妈说："那你能陪我下楼踢球吗？""当然可以！"毛毛一蹦三尺高，立刻欢快地去换鞋了。

撒娇的孩子是可爱的，又带些小聪明，所以往往很受父母的喜爱。但若孩子总是用这种"投机取巧"的方式来达到有些过分的目的，父母就不能纵容了，否则就会助长孩子这种投机心理，还会使他形成很多不好的习惯。所以，无论孩子是第几次撒娇，父母都不要抱着欣赏的态度来对待，这会给孩子一个错误的暗示，让他"变本加厉"下去。

孩子因为缺乏安全感而撒娇的情况也很常见。心理学家曾对 500 个家庭进行了一次跟踪调查，发现相当一部分孩子之所以撒娇，是因为没有得到父母足够的爱，或者没能从父母那里得到自己想要的爱。父母也许不了解，对于孩子这个小小的个体来说，并非吃饱、玩好就算是得到了最大的满足，他们对爱的要求，绝不亚于一个成人。如果父母没能给孩子足够的爱和关注，或者说总以物质来代替父母的爱，那么孩子就会感到爱的缺失，从而就有可能企图通过撒娇的方式从父母身上发掘到一些自己想要的爱和关注。

父母对于孩子来说，是具有"安全基地"作用的。孩子在进入陌生环境、进行新的挑战时，常常需要相当大的勇气，仅仅是自身的力量可能不足以支撑他们；而一旦遭遇困难或失败，他们会更加需要一种安全感。这时，如果父母能够站在他们身边，或者帮助他们，对于孩子来说是很重要的。所以这种情况下的撒娇，常常带有一种期待"结盟"的意味。因此，这类孩子撒娇，通常没有明确的目的，而只是单纯地"黏着"父母，喜欢和父母有亲密的身体接触，或者想跟父母一起做某件事情。

这就提示父母，如果自己的孩子经常出现无缘无故的撒娇行为，那么就要反思自身，是否对孩子的关注过少了。

小羽原本是个非常乖巧、活泼的女孩，但最近她似乎迷上了"撒娇"。虽然偶尔的撒娇让父母觉得她很可爱，但小羽的"火候"显然有些过，撒娇的表情、动作和时间，都显得有些不太正常。妈妈认为，如果任她这样发展下去，将来就会变成典型的"娇小姐"。于是，她决定查明小羽撒娇的原因，帮她纠正这种过火的行为。

但她观察来、观察去，都发现小羽每次撒娇都没有明确的目的，只是一味黏着爸爸或者妈妈，一刻也不肯撒手。妈妈仔细回想了一下，察觉到小羽这个问题是从她开始上班后逐渐显现的。她这才明白，原来是小羽感觉到自己在父母面前受了冷落，才想通过这种方式找补回来一些。从那天开始，妈妈和爸爸协商好，每天都要定时给小羽打两个电话，告诉她自己很想她、很爱她。一段时间以后，小羽的"撒娇黏人症"终于有了改善。

孩子对父母有依恋，所以才会撒娇，这是一种快乐的体验。但如果太过火，就会影响孩子的独立性，以及健康心理、性情的形成。所以，孩子合理的撒娇行为父母要做出正面的回应；做过火的那一部分，父母就要想办法帮他纠正过来。

父母小贴士

撒娇对于孩子来说，就像调味料之于饭菜，适当放一些能提味，放得太多就会影响味觉。孩子适当撒娇，能够显示出他对父母的依恋，凸显出他的可爱，但"撒娇成性"就很容易变成"刁蛮王子"或"刁蛮公主"。所以，父母要把好关，别让孩子过分娇嗔。

第五章

言为心声，聪明父母
这样听孩子说话

有句话叫"童言无忌"，是说孩子往往不会考虑别人的面子或感受，直接说出自己内心最真实的想法。其实，这也给了父母一个很好地了解孩子内心的机会。俗话说"我手写我心"，对于孩子来说恰恰是"我口说我心"，他们说出来的，都是自己内心小世界最想表达的意思和情感。父母听孩子说话，不要只听表面，要结合他们的心理，判断出是孩子的哪种心理作用在显现，以及是否是孩子心理特质的表现。

1. "只能我自己吃"——孩子的占有欲在作祟

现代社会中，很多孩子在长期的家庭宠爱中形成了一种"我的是我的、你的还是我的"的概念。这代表了孩子一种强烈的占有欲，同时也是一种自私的心理。但从形成孩子这种心理的源头来看，这都是再正常不过的，只不过父母的纵容和溺爱，让孩子的自私自利越演越烈，最终成为一种道德品质问题。

占有欲是一种很正常的现象，一般在孩子出生后 18 个月至 3 岁期间显现。这个时候，孩子正处于建立自我时期，往往要先形成自我意识，才能意识到身边还有"你""他"。在自我意识形成的过程中，孩子以自我为中心的心理非常强烈，他们眼中的一切都是属于自己的，包括父母。孩子不断地通过这种"我""我的"等宣示，通过对物品的占有权，来满足自己的自我意识。如果别人随便触碰或占领了属于他们的东西，他们就会想方设法地抢回来，并且常常是不达目的决不罢休。

芳芳的小姨带着小表妹妮妮到自己家里来玩，芳芳很高兴，一直和妮妮亲热地在一起玩。谁知，就在芳芳的妈妈抱了妮妮一下之后，芳芳的小脸立刻"晴转阴"了，她使劲儿扒着妈妈的手臂，不停地说："不许你抱她，不许你抱她！"妈妈有点儿不高兴，但为了不让芳芳继续闹下去，只好先将妮妮放开了。

中午吃完饭，妈妈对芳芳的小姨说："芳芳有几件衣服穿起来有些小了，但还挺新的，你要不要拿回去给妮妮穿？"小姨听了很高兴。可芳芳却在一旁喊道："不行！那是我的衣服！不能给小姨！不能给妮妮！"
妈妈耐着性子解释道："芳芳听话，你是姐姐，而且衣服你已经穿不了
了。"说完，就找了几条裙子递给了妮妮。妮妮刚抱到手里，芳芳气得小
脸通红，一把就抢了回来，快速跑回自己的房间，关上门生气去了。

　　每个父母都希望自己有一个乐于分享的孩子，可是对于孩子来说，
他们必须要经历一个自我意识建立的时期，这就意味着他们要有一段时
间出现强烈的独占欲望，坚决不跟别人分享，甚至抢夺别人的东西。父
母要正确认识这种现象，同时也要想办法帮助孩子改掉这个毛病，形成
慷慨、善良的性情。

　　首先，父母要给孩子明确的概念，让他知道哪些东西是属于自己的。
比如，孩子自己房间的玩具、用品等都是他的；父母房间里的东西不属
于他，他是不能随便乱动的；另外，家里是可以随便走动的，但不能大
声喧哗，因为家的一部分属于父母，父母在某些时候需要一个安静的环
境来休息；等等。当父母对孩子明确了这些概念的时候，孩子就会懂得，
并不是所有的东西都属于自己，从而也就会收敛自己的行为了。

　　其次，要让孩子知道分享的必要性，但不要强迫他。孩子在做出
"自私自利"的行为时，有些父母无法接受，或者在别人面前时觉得尴
尬，就强迫孩子分享自己的东西。这样的做法只能使结果适得其反，孩
子不但不会心甘情愿地将东西分享出来，还会"护"得更紧。这时，父
母要引导孩子体验分享的快乐，让孩子自愿与别人分享事物。

　　西西有一个上大学的小叔。放暑假后，小叔到西西家里来住，小叔
很喜欢西西，总是给他买很多好吃的，西西觉得很开心。

　　一天早上，小叔下楼买早点，买的是四人份的油饼，而且是在西西
非常喜欢吃的那一家买的。他刚提着油饼进屋，西西就乐坏了，立刻到
卫生间踮着脚洗了手，跑到饭桌前坐好，把油饼拿到自己面前，开始用
小手边撕边吃。这时，爸爸、妈妈和小叔也都坐了过来，但当小叔要去
拿油饼的时候，西西却用双手挡住油饼，对小叔说道："你别吃我的油
饼，只能我自己吃。"小叔尴尬地笑了笑，爸爸有点儿生气，对西西说

道："怎么能对小叔没礼貌呢？快点儿把手拿开。"西西气鼓鼓地看着爸爸，手还是挡在油饼前面。妈妈开口说道："西西这样不对，油饼是小叔买的，不能不让小叔吃。"西西一看所有人都很"凶"地对待自己、不支持自己，又是气愤又是委屈，一下从椅子上跳下来，跑进卫生间，将自己锁在了里面，还大声喊了一句："我不跟你们玩了！"几个大人顿时被逗笑了，接着好言相劝了半天，西西才从里面走了出来。妈妈温和地对西西说："西西，你看，我们有这么多的油饼，你一个人肯定吃不完，放到下次吃饭的时候已经凉了，会不好吃的。再说了，你自己吃有什么意思呢？大家一起吃多开心呀！你说呢？"西西想了想，把油饼推到了餐桌中间，对小叔说："小叔，你吃吧！"

另外，父母可以让孩子多和同龄人交流，或者多和一些懂得分享的小哥哥、小姐姐在一起玩，也可以让孩子邀请小伙伴到自己家来玩，让孩子扮演招待客人的角色。这些方法，都能让孩子在欢快的心情中体会分享的乐趣，对于孩子减轻占有欲是很有效的。

让孩子懂得"借"和"还"等概念，也能帮助他们降低占有欲。比如，让孩子知道玩具借给别人，还能要回来，自己不会因此而损失什么，反而会赢得一个好人缘；同时，也要让孩子知道，借别人的东西，最终都是要还的，不能就此占为己有。通过不断这样强化孩子的意识，孩子强烈的占有欲就会冲淡很多。

父母小贴士

占有欲并不完全是一件坏事，从某种意义上说，一个人有一定的占有欲，才证明他有足够的自我意识，才能有自尊心，也才能在此基础上产生自信心。所以，父母面对孩子的"占有欲"，要用"一分为二"的眼光来看待，既要适当保护，又要遏制其"疯长"。把握好尺度，对孩子的心理健康才最为有利。

2."妈妈，我给你讲故事"——孩子有沟通的渴望

　　良好的沟通是治疗心理问题的灵丹妙药。但可悲的是，在家庭教育中，往往是孩子希望和大人沟通的时候，被大人以漫不经心的态度浇灭了热情；而父母发现很难与孩子沟通的时候，又开始迫切希望和孩子加深交流。

　　生活中到处都能听到父母这样的抱怨："我家孩子，现在回家什么都不愿意跟我们说。我们问点儿什么，他才特别简单地回答点儿什么；我们不问，跟我们的沟通就几乎为零……"当父母不断地发牢骚，孩子不愿跟自己敞开心扉的时候，是否也会回想起这样的场景：孩子还在牙牙学语的时候，总是喜欢追着自己"说话"；孩子稚气未脱的时候，也总爱追在自己屁股后面，不停地想和自己交谈。但这些时候，父母往往没能认真地跟孩子对话，不是在忙自己的事情，就是没耐心和说话不清楚、话题简单的孩子"磨牙""说傻话"。在孩子迫切希望沟通的时候，父母没能给予及时的回应，孩子就会逐渐失去沟通的兴趣，变得沉默寡言。

　　乔乔从生下来开始，就一直由妈妈带着。到乔乔一岁半的时候，妈妈觉得自己应该去找个工作，便将乔乔托付给了奶奶来带。奶奶虽然很疼爱乔乔，但和乔乔之间的沟通很少，乔乔这时正处于学说话的时期，每天嘴里嘟嘟囔囔个不停，看到什么都想问一问。但在奶奶的观念中，自己每天把孩子喂饱、看好，没事带她出去晒晒太阳、透透气，就是完成了照看她的"任务"，所以并没有注重跟她进行语言上的交流。这就导致乔乔白天非常"寂寞"，所以晚上妈妈一回家，她就立刻追在妈妈屁股后面，跟她说个不停、问个不停。妈妈呢，上了一天班很劳累，再加

上要忙家务事，同时又觉得乔乔年龄小，说的话"不着调"，不用特别用心去听、去回应，于是每次都是乔乔说得很欢，妈妈却随便敷衍。有一次，乔乔满心欢喜地跑到妈妈面前，对她说："妈妈，我给你讲故事，好吗？"但妈妈的回应却是："你故事书上的故事妈妈都能看得懂，妈妈现在想休息，乔乔不要吵了。"乔乔只好失望地离开了。后来，妈妈慢慢发现，乔乔似乎不再像从前对待自己那样热情了。而乔乔上了小学之后，这种情况就更加严重了：她一回到家就钻到自己的卧室里，妈妈询问她在学校的情况，她也懒得多说几句。

从这个事例中我们可以看出，孩子的沉默寡言，很可能就是父母早期对孩子的态度造成的。这也给了父母一个警示：当孩子表现出渴望沟通的热情时，父母千万不要视而不见，要知道，这种热情可能一去就不复返了。

那么，父母如何有效和孩子沟通，达到保护孩子沟通欲望的效果呢？除了我们都知道的，要认真倾听孩子、回应孩子之外，还要注意一定的沟通技巧。

美国人的生活虽然看起来非常轻松、自由，美国学生的学习压力也远小于中国的孩子，但美国孩子在人际交往、社会活动、体育比赛及学习成绩方面，也有很大的压力。美国的父母帮孩子疏通压力的办法，就是和孩子保持良好的沟通，了解他们所承受的压力以及他们内心的挫败感。比如，当孩子考完试回到家中，父母会第一时间走上前抱住孩子，说一声："孩子，我知道你今天很辛苦。"试想，如果这时父母关心的不是孩子，而是考试结果或分数，那么想必孩子不会感受到温暖，也难有和父母继续沟通下去的欲望。事实上，很多美国孩子在听到父母关爱的话之后，会主动把今天的考试情况说出来。但他们即使说的是不好的结果，父母也会表示理解，并且会坐下来，帮助孩子分析试题，和他一起总结经验，让他明白下一次应该怎样避免出错。当然，最后还会加上那一句我们经常在美剧中听到的话："我为你感到骄傲！"

美国父母的做法启示我们：和孩子保持良好的沟通，必须要在关爱孩子的基础上进行，只有孩子觉得自己在一段沟通中被尊重、被爱护，才会有意愿继续和你交流下去。

孩子在和父母沟通时，总是全心全意的，经常会将自己内心最深处的想法说出来，比如说自己最喜欢什么、长大了最想干什么、对一件事的真实想法是什么。这时，父母常犯的一个错误是以自己的观念和喜好来和孩子交流，否定或者企图影响他们的思想。这样的沟通，将注定是失败的。比如，孩子说自己喜欢画画，长大想当画家，父母觉得孩子的理想不切实际，就立刻予以否定，并让孩子一定要"改正"思想，立志做工程师、医生……父母这样的做法，很有可能让孩子在以后埋藏自己的想法，不再说出来。因此，遇到这样的情况，只要孩子的想法不违背道德法律，父母不妨对孩子表示支持，这样，至少你们在沟通上会是畅通的。

一位教授在他儿子6岁生日的时候，送给儿子一个非常漂亮又美味的蛋糕，然后问儿子长大了想干什么。他的儿子想了一会儿，认真地说，想成为糕点师。他的父亲没有取笑他，而是真诚地说："那么祝你成功，未来的糕点师。"平时，这位父亲还不时地给儿子买来制作糕点的书籍。孩子的学习一直很优秀，尽管后来上了大学，没有成为糕点师，但制作糕点一直是他的爱好，也是他自信和成就感的来源。

可见，孩子的话有可能是"一时戏言"，但父母如果硬要将自己的思想灌输给孩子，孩子反而会产生逆反心理，一定要按着自己的想法走下去。假如父母暂时对孩子的想法表示理解和支持，日后再逐渐进行引导，随着年龄的增长，孩子很可能会产生更高远的志向。

总之，沟通在亲子教育中是最重要的部分之一，父母千万不要因为某些无关紧要的原因，而使彼此的沟通状况恶化。

父母小贴士

良好的沟通是保证亲子教育取得良好效果的前提和最基本的手段。亲子教育离不开沟通，正如一盆植物离不开水、养料、土壤一样。父母千万不要本末倒置，不要过于看重对孩子的物质给予，而忽视和孩子之间的语言交流。否则就是在教育孩子的过程中"捡了芝麻丢了西瓜"。

3. "我就不原谅他"——孩子心胸过于狭窄

在英国人的教育中，教育孩子成为心胸开阔的人被视为最重要的目的之一。比如，在英国学校的各类比赛中，虽然"输赢"二字也常被人们挂在嘴边，但孩子被灌输的思想是要更重视比赛的过程。比赛场上，老师每次都会给孩子传达这样的信息：你可能会赢，但你不会永远都赢。所以你要放下过于在意输赢的心态，注重享受参与的过程。因此，孩子们更看重的是参加自己喜欢的比赛，而不是过多地纠结于最终的结果。

自己的孩子心胸开阔，当然是每位父母都希望看到的，但实际上，由于各种原因，如今很多孩子的心胸并不那么开阔，反而很狭窄。心胸狭窄，是一种狭隘的心理，也是一种人格缺陷。这种孩子常常表现出吝啬小气、斤斤计较、不吃亏、输不起的态度。若是别人伤害了他们，他们往往很难释怀；别人批评了他们，他们更是会长久地耿耿于怀；别人比他们强一些，也会轻易触及他们的底线……孩子这么小的气量是怎么形成的呢？

第一，生活环境对孩子的影响。现在的孩子大多数为独生子女，父母对孩子的期望很高，从孩子很小的时候起就开始让他们接受各种教育。孩子承受着学习压力，很少有机会享受轻松的生活，更没有机会敞开胸怀接触大自然。这就使得孩子的关注范围和生活空间都很狭窄，他们又怎么会有开阔的胸怀呢？而一旦孩子进入小学这个"成绩至上"的集体后，孩子不但会离外界越来越远，还有可能因为竞争而产生自卑、嫉妒等心理，以及暴躁易怒的情绪。这种不良心理和情绪长期得不到释放，就会固定成为孩子狭小的心胸。

第二，父母教养方式的影响。如果父母对孩子非常宠爱，给他创造了一个一帆风顺的环境，那么孩子就会有很强的自我意识，只站在自己的角度考虑问题。当孩子首次遭遇到他人的不认可或者碰壁时，就会因为不适应而产生不顺遂的心理，对别人耿耿于怀，不能正确、客观地分析问题，而只会责怪他人。

某个心理学专家曾经调查过 20 个家庭，发现有 13 个家庭的孩子成长于被娇宠的环境中；另外 7 个孩子受到的教育则比较开明。专家对这 20 个孩子进行了跟踪调查，发现那 7 个开明家庭中成长起来的孩子，心态都比较积极，做事认真，遇到问题能够想办法解决，和周围的人相处得也不错；而那 13 个孩子，则表现出强烈的以自我为中心的姿态，遇事很少为他人考虑，但凡事情没有达到自己想要的结果，就会生气、发脾气。其中有一个女孩，有着十分强烈的自尊心、好胜心，无论是学校的什么活动，都必须取得第一名，学习更是如此。假如哪次不巧得了第二，回家之后就将自己关起来不吃不喝。

第三，父母的性格也会对孩子造成很大的影响。如果父母在生活中是很宽厚的人，很少和人斤斤计较，遇到事情能够忍让，那么孩子也会感染这种品质；相反，如果父母小肚鸡肠，凡事必要较真，孩子也会变成一个狭隘的人。

孩子心胸过于狭窄，不但会影响孩子心理的健康成长和发展，还会使孩子未来的人际关系受损。因此，父母必须想办法培养孩子拥有一颗宽容的心。

培养孩子宽容心的关键，是让孩子建立自信、自尊。没有自信的孩子才会在人际交往中比来比去，心思变得越来越狭隘。所以，让孩子拥有一颗健康、自信的心灵，是他宽容待人的基础。生活中我们也常常发现，那些有自信的孩子，和别人交往起来是很畅通、愉悦的，因为他们不需要靠"压过"别人来证明自己；而那些有点儿自卑的孩子，往往都有自己的"软肋"或者"雷区"，别人一碰就会引发不快。

另外，父母要教孩子学会退让。在社会中，人与人之间肯定会有一些摩擦。如果一个人每次遇到事情都要争个高低、针锋相对，那么他的人生一定是充满矛盾和不快的。父母应告诉孩子，遇事不妨退一步，忍让一下，能宽容别人的地方要尽量宽容，这样既能给自己一个好心情，又能为自己赢得良好的人际关系。

杰宇气鼓鼓地回到家里，把书包摔在沙发上，自己也一屁股坐在了上面，绷着一张小脸。妈妈听到动静从厨房走出来，笑着问道："哟，谁惹我们杰宇生气了？"说完，她看了一下周围，问道："咦，明明不是每天放学都会和你一起来咱家玩一会儿的吗？今天他怎么没来？"杰宇大声喊道："不要提他！我讨厌他！"妈妈听了，没再问什么，转身走开，想让杰宇独自平静一下。

第二天早上，妈妈亲自去送杰宇上学，在路上问起昨天的事情，杰宇才说道："我昨天上美术课的时候画了一幅画，老师说我画得最好。下课了明明找我说话，不小心把我的画弄破了。""原来是这么回事。不过，你自己也明白，明明是不小心弄坏的。既然这样，那就不要生气了，原谅你的好朋友吧！""不，我就不原谅他！他弄坏了我最好的画！"妈妈顿了顿，认真地对杰宇说："妈妈很理解你的心情。但是，画已经坏了，你再生气，它也不能变好，所以你生气只能让自己心情不好，还会让你失去一个好朋友。并且，妈妈相信那不是你画得最好的画，你以后还会画出更多更好的画。但是好朋友呢？失去后可能就找不回来了。所以，杰宇该怎么做呢？"杰宇想了一会儿，有些惋惜但又释然地回答道："妈妈，我知道了。我今天就去和明明和好。"

这个故事还给了我们另外一个启示，就是父母要给孩子做一个良好的示范。如果杰宇的妈妈在听到这件事情之后，也表现得很气愤，并支持杰宇不原谅明明，那么杰宇的心胸就会在这样的教育下变得越来越狭隘。可见，在家庭教育中，父母要看得长远一些，给孩子施以正确的影响，别因自己一时的情绪给孩子做了错误的示范。

教孩子拥有一个宽阔的胸怀，还要让孩子懂得反思，遇到不愉快的事情，要先考虑自身是否有问题，不要将错误全都归结在别人身上。只要孩子拥有自信、自知，远离自私，快乐就会伴随一生。

父母小贴士

美国著名的文学家爱默生说过："宽容不仅是一种雅量、文明、胸怀，更是一种人生的境界。宽容了别人就等于宽容了自己。宽容的同时，也就创造了生命的美丽。"宽容，表面上看好像自己让了步、受了委屈，但实际上真正获益的将是自己。所以，父母不应教孩子计较、争上风，而应教他退步和忍让。

4."山区的小朋友真可怜"——激发孩子的同理心

新闻曾报道过一对开宝马的母女，因为一些琐事出口伤人，侮辱一位清洁工的事情。这件事一经曝光，母女两人的行为立即遭到了大家的斥责，甚至有人建议"人肉"两人，要求她们为自己的行为道歉。这个新闻之所以引起轰动，关键是因为那一对母女仗势欺人，认为自己有钱就能够随便侮辱他人。是她们毫无同理心的行为，让她们在众人心中留下了冷漠、自私的负面印象。

从心理学角度来说，同理心是指在人际交往的过程中，能够主动地体会他人的情绪和想法，能够站在他人的立场和感受上看待问题、处理问题的能力。同理心是每个人都应该具备的一种基本技能，它直接影响着个体与外界的关系。懂得设身处地为别人着想的人，走到哪里都是一个受欢迎的人，是能交到真心朋友的人；而没有同理心的人，毫无疑问会被冠以冷漠、自私等形容词，即使手中有高贵的权柄、万贯财富，也难以收获一颗真心。卡耐基非常认同这一观点，他说："如果你拥有某种权力，那不算什么；如果你拥有一颗富于同情的心，那你就会获得许多权力所无法获得的人心。"

在英国人的眼中，最看重的不是一个人的职业、收入，甚至也不是受教育程度，而是他有没有同理心。英国人从小就教育孩子要善待他人，要懂得站在别人的角度考虑问题，甚至要爱惜身边一切小生命，包括动物和植物。为了培养孩子的同理心，英国父母会选择天气好的时候带孩子到农场去感受大自然，或者在自家的花园里学习如何善待动植物。

有时，英国人养的小宠物死了，全家人还会为它举行一个小型的葬礼，但父母总会告诉孩子："不要太悲伤，生命总是会结束的，只要在它活着的时候我们对它好就可以了。"

在很多家庭中，父母总是以孩子为中心，恨不得所有的家庭成员都要为孩子的喜好让路，这使得孩子养成了心中无他人、不会为他人着想的不良性格。而当孩子真的在面对别人的不幸和痛苦无动于衷的时候，父母又会指责孩子冷酷无情；在孩子不理解父母的苦心，专门和父母对着干的时候，父母又会感到伤怀。其实，如果我们都能像英国父母那样告诉孩子，对周围所有的生命都要尊重、爱护，那么今天又怎么会有那么多孩子以冷漠待人呢？

要让孩子富有同理心，父母要让他从生活的一点一滴中受到感染。比如，父母为孩子做了一件事，不能只是简单地让他享受，而是要告诉他自己这样做是出于对他的理解，是站在他的角度上考虑的结果。又如，平时在看电视的时候，如果看到有些不公平的事情，父母可以分析给孩子听，让他对其中遭遇不幸的人产生同情心。

晚上吃饭的时候，新闻播放了一条贫困山区的消息，镜头前的孩子们穿得差、吃得差，还没钱买课本。嘟嘟的爸爸和妈妈边看边叹惜道：

"那里的孩子真是太不幸了。"说完，妈妈不经意地瞄了嘟嘟一眼，发现嘟嘟吃得正香，对电视里那些孩子的状况一点儿反应都没有。妈妈引导他看电视，他看了一眼，没有任何表情，低下头接着吃自己的饭。妈妈心里不禁一惊，心想孩子这样下去可不行，长大后为人多半会很冷漠。于是，她对嘟嘟说："嘟嘟，你看，电视里的小朋友跟你年纪差不多大，你有温暖的家，有漂亮的衣服和书包，还有很多玩具。可是那些小朋友什么都没有。"嘟嘟这回认真地看了两眼电视，轻轻地点了点头。妈妈又说："如果让嘟嘟生活在山区里，没有好吃的、好玩的，学校也很破旧，嘟嘟觉得困难吗、辛苦吗？"嘟嘟想了一会儿，看着妈妈认真地点了点头。"那么，嘟嘟是不是应该同情这些小朋友？"嘟嘟很肯定地说："妈妈，是的。下次老师再让我们给山区小朋友捐东西的时候，我想捐一个新的文具盒给他们，可以吗？"妈妈笑着摸了摸嘟嘟的头："当然可以。嘟嘟真是个有爱心的好孩子。"

父母引导孩子做有同理心的人，还要注意从他的言行中观察他的内心，如果发现孩子有冷漠、自私、蔑视别人的心理，一定要及时纠正。比如，孩子放学回家之后，总是埋怨老师管得严，或者嘲笑班里的同学，以同学的短处作为自己的笑料，父母就要立刻询问孩子："如果你是老师，面对不爱学习的同学，是不是要负责任地管教他？"或者，"如果你在班里被同学嘲笑，你是什么心情呢？"经常这样告诉孩子，能让孩子成为一个懂得体会别人难处、尊重别人的人，而不是做一个麻木的、将自己的快乐建立在别人痛苦之上的人。

孩子没有同理心，并不是天生冷血、麻木，而是父母没能及时引导孩子站在别人的角度上去考虑问题。如果父母教给孩子体会他人感受的必要性，想必孩子有了换位思考的意识后，就不会再麻木不仁，或者做伤害别人的事情了。

父母小贴士

父母教育孩子有同理心，不一定是要让他做到大公无私，而是要避免他的自私自利、冷漠无情。在这个社会上，人永远不能孤立地存在，所以永远不能只考虑个人的感受。一个完全不顾他人感受的人，会失去交朋友的机会、工作的机会，而永远处在孤立无援的境地之中。

5. "妈妈我不让你走" ——警惕儿童分离性焦虑

心理学上有一个名词叫作"儿童分离性焦虑症"，指的是儿童与其依恋对象分离时产生的过度焦虑情绪。儿童分离性焦虑症的患病率为1.24% ~ 4.9%。其中分离对象通常是关系密切的抚养人，比如父母等，同时，患有分离性焦虑症的孩子往往同时伴有学校恐惧症。

父母与子女之间的情感是世界上最亲密的情感之一，子女对父母有所依恋当然是一件好事。但好事过了头，也会变成坏事。亲子间的过分依恋往往会导致孩子心理发展严重滞后，甚至导致孩子的心理朝着不健康的方向发展，产生儿童分离性焦虑症。

儿童分离性焦虑，对于孩子来说有多大的影响呢？我们通过这一症状的表现就可以看出来：担心与依恋对象分离；因不愿离开依恋对象而拒绝上学；过分担心依恋对象可能会受到伤害；过分担心自己会走失、被绑架；与依恋对象分离前或分离后会有强烈的情绪反应，如烦躁不安、哭喊、发脾气、悲伤、冷漠或退缩……看到这些可能会产生的后果，相信父母不会再认为孩子过分依恋自己是一件幸福的、值得骄傲的事情了，而会担忧过分依恋自己的孩子的未来。

在一部描述大学生活的电视剧中有这样一个场景：开学的第一天，某宿舍的新生都在收拾床铺，认识自己的新舍友。这时，大家注意到有一个女孩，拉着母亲的衣袖，边哭边委屈地说："妈妈我不让你走，我不让你走……"另外几个女孩非常诧异，互相交换了一下眼神，表示不可置信。这时，女孩的母亲尴尬地解释道："我家曼曼从来没离开过家，没离开过我和她爸爸。现在猛然要住到学校，肯定不适应。还要麻烦大家多照顾照顾她。"女孩们点着头表示答应。但事实是，那位母亲离开之后，大家都觉得这个叫曼曼的女孩没那么好相处，可能会有很大的"公主脾气"，或者说都怕被这个女孩"黏上"，而很少有人敢跟她走得太近。

可见，孩子过分依恋父母是必须要尽早纠正或杜绝的，否则将会变成一种心理疾病，甚至由"儿童分离性焦虑"变成"成人分离性焦虑"，长久地困扰孩子的内心，并影响他将来的人生道路。

要消除孩子对父母的过度依恋，就要先弄清楚过度依恋产生的原因。首先，如果父母对孩子过分宠爱，将孩子的事情看得高于一切，只要孩子想要什么就一定满足他，那么孩子就会认定，父母是自己最大的依靠，从而在原本对父母的正常依恋之外，又加了一层依赖。这就警示父母，对孩子的爱要保持在适度范围之内，同时要以正确的方式爱孩子，不能过于宠爱，否则，这种爱对于孩子来说就会成为心理健康的隐患。

有一片名为"天鹅"的湖，湖的中心是一座小岛，岛上住着一个老渔翁和他的妻子，他们已经在这里生活了很多年。有一年秋天，一群天鹅来到岛上。渔翁知道，它们是从遥远的北方飞过来、准备去南方过冬的。老夫妇看到这些"远方来客"很高兴，就拿出一些饲料和小鱼来招待它们。天鹅们吃得很开心，竟然在这片岛上留了下来。到了冬天的时候，湖面冻结，天鹅无法活动，老夫妇就打开门，让它们进屋取暖，并继续给它们食物。这样的关爱持续了一年又一年，直到老夫妇死去。而就在同一年，那些天鹅也因失去了飞往南方的毅力和能力，在冬天湖面封冻的时候全部冻死了。

有时候，爱得多了也是一种伤害，这种爱只会让孩子产生依赖心理，从而无法自立。所以，父母在平日和孩子相处的过程中，要让孩子懂得担负一部分责任，不能凡事都依靠他人的道理。如果孩子小时候能在人格上自立，长大了能在经济上独立，自然就不会有患分离性焦虑症的危险。

孩子容易形成过分依恋的第二大原因，就是总被父母或其中的一人"独占"。有的爸爸或妈妈爱子心切，把孩子交给任何人带都不放心，于是关于孩子的一切事情都"亲力亲为"，当然也少不了每天和孩子"甜言蜜语"、有亲密的肢体接触。孩子每天和一个固定的人这样亲密，怎么能不产生过度的依恋呢？

所以，父母虽然疼孩子疼到心坎上，但也要为孩子的长远考虑，和孩子保持一定的距离，给孩子一定的空间，这才是最明智的爱。当然，也要让孩子多接触其他家庭成员，别把孩子"捆"在自己身边。孩子的注意力如果能够分散在几个人身上，就不容易对某个人产生过分的依恋。

造成孩子过分依恋人的第三个原因，就是孩子受到了父母的过度保护。父母往往因为怕孩子发生危险，拼命遏制孩子爱动、爱玩的天性，使孩子独立行动的渴望得不到满足，更不用说主动探索世界了。时间长了，孩子得不到充分的精神意志锻炼，心理发展相对缓慢，对父母的依恋程度就会只增不减。

这就要求父母，要尽量给孩子一个开阔的空间，不要把他们禁锢在自己做的保护膜中，在保证没有危险的前提下，让孩子有独立探索的自由。孩子接触的人多了，接触的范围广了，在和大自然、和他人的接触中得到了快乐，就会弱化对父母的过度关注。

对于已经对父母产生过度依恋的孩子来说，父母不能要求他们一下子"断奶"，要知道孩子形成这种依恋并非一朝一夕的事情。父母要给孩子足够的时间，积极引导，让孩子逐渐由一个"小膏药"成长为一个独立的个体。

父母小贴士

有句话叫"父母是孩子天然的'依恋人'"，这句话说出了孩子和父母之间天生的亲密关系。但父母要记住，随着孩子的长大，这种依恋关系是要慢慢淡化的，孩子不应依附于自己，而应有自己独特的个性和生活内容。否则，孩子就不能成为一个单独的个体，也难有独立的一天。

6."你只能夸我一个人"——极具破坏力的嫉妒心理

古埃及有这样一则寓言。小鸟问爸爸："爸爸，人幸福吗？"鸟爸爸说："人类不如咱们幸福。"小鸟又问："为什么？"鸟爸爸回答："因为人心里扎了根刺，这根刺无时无刻不在折磨他们。"小鸟很好奇："这根刺叫什么？"鸟爸爸说："叫嫉妒。"

提起嫉妒，我们都知道它是一种伤人伤己的情绪，产生于成年人之间。但实际上，孩子们也有嫉妒心理。嫉妒不是单纯的好胜、好面子，嫉妒是在与他人比较时产生的，是发现自己在某些方面不如别人时产生的一种由羞愧、恼怒、怨恨等组成的复杂情绪状态。嫉妒心与好胜心的最大区别是，前者有一定的破坏性，会破坏人的判断力、亲和力等。

孩子的嫉妒情绪一旦产生，就不容易摆脱，这种情绪会持续影响他的态度和行为，破坏孩子和朋友之间的感情，并可能导致孩子用不正当的手段来伤害他人。嫉妒心过强的孩子，不仅会伤害别人，还会自寻烦恼地折磨自己，他们无法认可和接受别人的优点，让自己陷入愤怒、沮丧、怨恨、自惭、自责等消极情绪中不自可拔。这样一来，孩子丧失了自信和前进的动力，只将注意力放在对别人的怨恨和伤害之上。可见，嫉妒的确如上面古埃及寓言所说，是一根伤人伤己的"刺"。

我们都知道，嫉妒是一种不被他人所接受的负面心理，如果一个人产生了嫉妒的情绪，就一定要及时排解。对于孩子来说，嫉妒更不能长久地存在于内心，否则嫉妒的消极作用长久地影响孩子，会给他的生活、学习和人际交往都带来极大的危害。那么，父母如何及时拔除孩子的嫉妒这根"刺"呢？

第一，孩子产生嫉妒心的起因，是看不过别人比自己优秀。这时，父母可以抓住机会，教育孩子积极向上，将嫉妒转化为动力，以实力去超越别人。

周末，妈妈带着小光去绘画班上课，小光边听老师讲解边画，妈妈在旁边认真地看着。经过了两个小时，小朋友们的作品基本上"大功告成"。妈妈看着小光画的"一家三口"，很满意地拍了拍他，说道："小光真厉害，画得真棒！把每个人都画得很像。"小光听了露出了得意的笑容。妈妈转过头，看到旁边一个小朋友的画，立刻赞叹道："哎哟，这个孩子的画真干净，一看就知道他的手法有多纯熟了。画得真干净、真漂亮。"妈妈不住地点头，却没有发现一旁的小光已经绷起了脸，最后终于忍不住喊道："我不许你夸他！你只能夸我一个人！"妈妈被小光这一喊吓了一跳，但马上就转惊吓为担心了：小光的嫉妒心怎么这么强呢？她想了想，对小光说："小光喜欢得到别人的表扬是吗？那小光记住，不管是妈妈还是老师，都只会表扬那些做得最好的孩子。所以，小光不应该阻止妈妈表扬别人，也不应该为此生气，而是应该让自己做到最好。这样吧，你来检查一遍自己的画有什么问题，然后努力修改到最好，这样不光是妈妈，老师也会表扬你的，好吗？"小光看着妈妈认真的样子，似乎明白自己应该把重点放在哪里了，于是拿起画笔仔细地修改起了自己的画。

嫉妒心在孩子心中萌芽，无非是孩子觉得自己不如别人，那么父母想要消除孩子的嫉妒心，不能直接勒令其不许再嫉妒，而是应从源头上解决问题——让孩子通过努力改善自己的不足。这样才是"治本"的做法。

　　第二，有些孩子明明已经很优秀，但仍然接受不了自己的父母对别的孩子的一句随意的夸奖。这时，孩子就不单纯是嫉妒别人的优秀，而是自信心不够，受不了自己最亲的人去"喜欢"别人。这时，父母解决问题的重点，就是帮孩子树立自信心。

　　让孩子树立自信心，最有效的方法就是及时鼓励、表扬，但要注意，这种表扬是适当的，不要夸大其词。这样，孩子就会有正确、乐观的心态，即使在被别人超越的时候，也相信自己能够做好，这就不容易产生嫉妒心了。另外，父母切忌在夸奖孩子的时候拿别的孩子做比较，否则孩子就总有一种"打败别人"的优越感，而一旦发现自己不如别人，这种优越感被打破的时候，孩子的自信心就会崩塌，嫉妒心就会如洪水一样涌出来。

　　第三，让孩子懂得为成功的人喝彩，并且帮助不幸的人。通常嫉妒心重的孩子心胸也比较狭窄，不认同别人的优点，当然对别人的不幸和缺陷也不会感到惋惜，甚至还会有幸灾乐祸的心理。这时的解决办法，就是让孩子懂得感受成功之人的快乐、体会不幸之人的痛苦。

　　心理学中有"移情"这样一个词汇，就是把自己移位到别人的角度，去体会别人的感情，也就是说能够设身处地地为别人着想。自我认知能力较强的孩子比较容易培养移情能力，移情也是孩子心理成熟的重要标志。不成熟、不懂得移情的孩子，就会产生嫉妒心理。

　　父母要让孩子学会"移情"，先要鼓励孩子接纳别人，并用某种方式为别人喝彩、祝福，好让孩子有一个宽大的胸怀。另外，如果同学的学习出现了困难，要让孩子主动帮助对方，而不能因为显现出了自己的优秀而沾沾自喜。

　　孩子的情感是脆弱的，很容易产生消极情感；孩子的可塑性又是很强的，如果父母不加以正确引导，孩子的负面情绪就会转化为负面心理，形成孩子固定的性格。所以，父母千万不能认为孩子的嫉妒是小事、是小孩子气，一旦发现嫉妒的苗头，就要立刻将其扼杀。

父母小贴士

嫉妒就像是一个从里往外慢慢变坏的苹果，表面看上去没什么变化，但心灵已经变了质，而这种内在的腐烂会逐渐侵蚀整个苹果，使它彻底成为一个"烂苹果"。因此，嫉妒心这个有毒的种子，应该在被发现的第一时间被去除，否则将会对孩子的一生造成莫大的伤害。

7. "我的功劳最大"——
缺乏团队意识的孩子不受欢迎

据有关资料证明，蜜蜂是生物进化史上一个非常古老的物种。蜜蜂长得小，寿命也不长，为什么能在进化史上长盛不衰呢？原来，蜜蜂有强烈的团队合作意识，蜂王、工蜂、雄蜂各司其职，每类群体都有固定的职责。平时，它们各做各的工作，保证物质需求；危险来临的时候，它们都能以大局为重，舍弃自己的生命，保存集体的力量。也就是说，蜜蜂能够长久生存下来的最重要的原因就是懂得团结协作。

现代社会需要的人才，已经不单单是具有才能和知识，是否有团队意识也是衡量人才的一大标准，甚至一再被强调、被突出。这是因为，人是社会性的动物，一个人必须在群体中才能显现出自己的价值，而且只有将个体的力量联合起来，才能实现更大的目标，同时也使自己发挥出最大的潜能。正如那句名言所说："一滴水只有放入大海之中才不会干涸。"所以，团队意识是一个人必不可少的基本素质，也是实现人生价值、获得成功的必要条件。

球王贝利从小就爱踢足球。10岁那年，他和几个同样喜欢足球的小伙伴组成了一支"九七"球队。可这是一帮穷孩子，连一个足球都买不起。后来，贝利的母亲给他出主意，让他带领"队员"，沿路收集些废铜烂铁、空瓶旧罐卖给废品站。贝利和几个小伙伴努力了许久，终于攒够了买球的钱。他们买了球，开始积极地组织训练，并不断参加各种比赛。在一次比赛中，贝利的"九七"足球队获得了市少年足球组冠军。因为贝利是队长，进球又最多，所以他很幸运地得到了一笔奖金。贝利把钱拿回家，兴冲冲地交给母亲。母亲问了钱的来历之后，严肃地说："没有全体队员的共同努力，你能独立赢得比赛吗？你怎么能独占这些钱呢？"贝利愣住了：是啊，在球场上，如果队友们不齐心协力，就算自己是一个天才，也未必能将球踢进对方的球门！想到这里，贝利的脸发烫了，他拿着钱转身跑出去，把钱分给了小伙伴们。后来，贝利被推荐给巴西国家队，并因为球技精湛被称为"神射手"。但无论众人给他怎样的赞誉，他从来没觉得自己有什么了不起，反而在赛场上更加注重和队友的默契配合。有了荣誉，他也从不吃独食。他创造了足球史上的神话，被誉为世界上最伟大的天才球员。接受媒体采访时，贝利拥着他的队友们说："我不是天才。天才一个人创造不出美丽的神话。一个人的成功，离不开团队的力量——这是我母亲从小教给我的道理。"

可见，一个人的成功，往往不仅是自己创造的，而是将自己融入集体、依赖集体创造的。然而在生活中，一般家庭多为独生子女，孩子往往"集万千宠爱于一身"，再加上父母平时欠缺对孩子团队意识的培养，所以如今的孩子大多是"自私有余"，而没有足够的团队意识。因此，他们不但在人际交往中会吃亏，在将来的工作中也会处于十分被动的地位。

那么，父母如何培养孩子的团队意识呢？

首先，要在日常生活中培养孩子的亲和力、爱心、责任心，这有利于消除孩子孤僻的心理障碍，使孩子乐于融入集体生活。如果孩子的性格比较内向，父母要想办法多带孩子参加室外活动，让他多和其他的小朋友接触，以消除孩子和同龄人之间的疏远感，使孩子感受到自己和小朋友是一伙的，这样才能进一步培养孩子的团队意识。

当孩子能和小朋友打成一片的时候，父母要让孩子学会帮助弱者，发现小伙伴有困难时要热情地伸出援手，这种同情心也是团队意识的一部分。

其次，父母可以多给孩子创造游戏的机会，让孩子在集体的游戏中树立起团队意识。游戏是每个孩子都喜爱的，同时由于它多人参与的特性，对于培养孩子的团队意识是很有帮助的。在为孩子挑选游戏时，尽量引导他们玩那些需要合作才能完成的游戏，并且鼓励孩子为了集体的荣誉而努力。赢了之后，不要邀功，要把成功看做大家努力的结果；输了也不要互相埋怨，要勇于共同承担责任，继续努力争取下一次成功。总之，适当弱化孩子在集体中的个性，让集体的荣誉成为孩子的最大目标，这是培养孩子团队意识的有效方法。

吃完晚饭后，航航一家人闲来无事，妈妈提议道："我们比赛搭积木吧？"她这个建议得到了大家的赞成。于是经过商量之后，航航和奶奶一组，妈妈和爸爸一组，两组人开始了一场小型的搭积木比赛。航航的动作很快，也很稳，不一会儿就把"大厦"的"地基"摆好了，爸爸和妈妈连夸："航航的技术真是娴熟，真不愧是天天玩的行家。"航航正得意，奶奶却在放积木的时候把"大厦"碰倒了。航航生气极了，绷着小脸看着奶奶，那样子仿佛在说："都怪你，这下要输了。"爸爸见状，鼓励航航："别急，还有时间，从头开始，航航手快，没准还能赢。"航航立即再次投入比赛，为了不让奶奶再撞倒积木，他指挥奶奶给自己递积木，由自己来摆。一老一小合作得很好，最后险胜比赛。爸爸和妈妈直夸两人厉害，航航却说："都是我一个人搭的，奶奶只不过递了一下积木，我的功劳最大。"奶奶虽然包容地笑着，但妈妈却听不下去了。她对航航说："假如不是奶奶递给你，你还要一块一块地挑拣积木，能有这么快吗？"航航想了想，说："那奶奶第一次还碰倒了积木呢！"妈妈更加严肃地说："奶奶并不是故意的。既然你和奶奶是一个团队，那么就要共同承担责任，输了不能怪队友，赢了不能自己领功。你想一下，如果你在学校和同学组队比赛，不小心犯了一个错误，导致比赛输了，同学都来怪你的话，你心里会是什么感受呢？"航航低下了头，突然，他拉起奶奶的手，说："奶奶，我们俩一起赢了比赛。奶奶你也很厉害！"奶奶很高兴，全家人也都开心地笑了。

　　培养孩子的团队意识，就是让孩子做到"目中有他人"，看到他人的长处，包容他人的短处，学会和他人合作，懂得和他人分享胜利的果实。只有这样，孩子所在的团队才有可能是一个优秀的团队，孩子也才能在这个优秀的团队中实现自己的价值。

父母小贴士

　　每个人都是个性和共性的合体，个性让孩子有自己的特色、特长，让孩子的生命有趣；共性让孩子有更强的适应性，有与人合作的优秀技能。孩子的个性必须被保护、被尊重，孩子的共性也必须被挖掘出来。只有个性没有共性的孩子，无论到哪个集体中生活，都会被看成不合群的"异类"。

8. "他长得太丑了"——
以貌取人是必须改变的价值观

　　心理学领域有这样一个实验：心理学家从不同性别、不同年龄、不同职业和不同受教育程度的人中各找来一些人，请他们阅读附有作者照片的文章。这些作者，有的很漂亮，有的相貌平平，有的长相偏于"丑陋"。但他们所写文章的水平与长相并无任何关系。可是，实验结果却显示，那些读者往往对较漂亮作者的文章评价更高，而对不漂亮作者的文章评价较低。这就是所谓的"以貌取人心理"。

上述这个实验，很明确地说明一个道理：人们对容貌美的人更容易产生好感，也就是说，每个人都有一定程度的"以貌取人心理"。这种心理是普遍的，但无数事实证明，它是不正确的，并且会使人的判断产生较大的偏差，甚至使人的决策产生失误。历史上很多著名的事件都是很有力的证据。

曾经有一对夫妇，在没有预约的情况下直接去拜见哈佛校长。打扮讲究的秘书打量了下这两个乡下来的陌生人——他们一个穿着一套褪色的过时大衣，一个穿着一套磨得发白的旧西装——立刻就认定，这两个人不可能与哈佛校长有业务往来。于是她随便敷衍了两人几句，让他们站在外面等了几个小时，也没有通知校长一声。后来，秘书看这两人实在没有离去的意思，只好向校长汇报了一下。校长听后，也不大愿意见，但怕他们一直赖在学校不走，只好出来看一眼。当他看到这两个人果然如秘书说的一样寒酸时，脸上露出了傲慢的神色。

那位老妇人先开口说："校长，我们有一个儿子曾经在哈佛读过一年书，他非常喜欢这里。但是去年他因为意外离开了我们，所以我们想在校园里为他留一个纪念物。"校长不禁暗笑了一下，回答道："夫人，我们不能为一位仅仅就读过哈佛的人立雕像。否则哈佛会逐渐变成一个墓园。"老妇人解释道："不，我们不是要立雕像，我们想捐一栋大楼给哈佛。"校长有些吃惊，他又上下打量了一下这对夫妇，有些轻蔑地说："那你们知道一栋大楼要多少钱吗？我们学校的每一栋建筑物都超过 750 万美元的。"

听到这句话，老妇人沉默了，哈佛校长以为可以把他们打发走了，于是心中窃喜。谁知这位老妇人却转身问她的丈夫："亲爱的，只要 750 万美元就可以建一栋大楼吗？那我们为什么不建一座大学来纪念我们的儿子呢？"就这样，这对夫妇离开了哈佛，到了加州，创立了斯坦福大学。这对夫妇就是有名的斯坦福夫妇。

以貌取人，竟造成了如此大的损失。这足以表明，由一个人的外貌决定对待他的态度是多么幼稚和愚蠢。因此，父母要引导孩子形成正确的价值观和成熟的心理，教会他们判断一个人要看他的本质，这样才不会错过那些心地善良、品质优秀、学识丰富、能力过人的人；也不至于交到金玉其外、败絮其中的朋友。

上面已经说到，每个人都有一双倾向于美的眼睛，要完全做到不以貌取人几乎是一件不可能的事情。所以父母只能通过教导，帮助孩子尽量不以外观为标准去评价别人。

不以貌取人，第一步是学会尊重别人。尊重别人是孩子必须具备的一种品德，只有懂得尊重别人的孩子，才有可能不因别人的外貌不佳而排斥别人，而愿意去了解别人的内心品性。为此，父母平时在家中也必须互相尊重，并且尊重自己的家人、同事和朋友，这样才能使孩子在潜移默化中受到良好的影响。有些父母经常在家中嘲讽别人的长相，这就很容易使孩子也学到这种错误的与人相处的方式。

孙梅是一个办公室文员，平时工作比较闲，经常在办公室和同事聊八卦，什么娱乐圈、体育界、商界，只要是她们知道的名人，都会被他们从头谈论到脚，而且谈的几乎都是穿着、长相。回到家后呢？孙梅的这个"工作"依然没有停止，只不过，她改为向老公讲述办公室女同事的长相和打扮，不是说"小刘今天弄的新发型丑死了"，就是说"新来的女同事长了一个超大个儿的鼻子"。虽然老公和儿子听得多、回应得少，但这依然打击不了她每天讲述的积极性。

突然有一天，孙梅意识到，儿子小宝最近也开始变得"八卦"起来。前几天他跟自己说"我们的语文老师，他长得太丑了"，昨天他说"某某穿的衣服像叫花子"，今天一进门就喊"张明理了一个秃头，全班同学都笑他"。

虽然小宝笑得很开心，但孙梅心里很不是滋味，她仔细想了一个晚上，觉得一定是自己每天谈论别人长相和穿着的毛病"传染"给了儿子。继而她后怕地想到：如果一个男生长大之后满嘴都是"八卦"，并且只懂得评论别人的外貌，那自己的罪过可就大了。

第二天小宝放学后，孙梅认真地跟他谈了一番："小宝，妈妈以前总喜欢说别人长得什么样、穿得怎么样，其实这是很不好的行为。我们看一个人，要看他友好不友好、聪明不聪明、活泼不活泼，从这些方面考虑自己要不要跟他做朋友，而不能只关注他的外表。妈妈今天向你道歉。我们也拉钩说好，以后都不要随便谈论别人的外貌了，好吗？"小宝似懂非懂地听着，伸出小手指和孙梅拉了拉。孙梅知道小宝不会一下子改正，还需要一段时间的努力，但自己绝对不会放弃。

教孩子不以貌取人，最好的办法就是引导孩子多关注别人的品格、能力，让孩子学会欣赏别人的优点。这样，孩子自然不会再肤浅地只看别人的表面。

父母小贴士

人就像植物，有些植物看起来美丽异常，非常吸引人的目光，但却是对人体有害的，比如传说中的食人花；有些植物其貌不扬，或者看上去不易亲近，但却是保护人类环境的益友，比如仙人掌。外表只能供其欣赏，内在才是人与人交往最重要的东西。所以，父母要想孩子交到有益的朋友，就一定要让他们了解以貌取人的弊端，学会欣赏别人的内在。

9. "我不好意思说不"——不会拒绝的人生最累

从前有一条小鱼问大鱼："妈妈，听说钓钩上的食物是最美味的，就是有点儿危险。怎样才能尝到这种美味而又保证安全呢？"大鱼无奈地摇头道："当你面对美味与生命的抉择时，你必须学会拒绝各种钓钩上的美食诱惑，倘若你无法对这些缠满免费食物的钓钩说'不'，那你就会坠入一个无底的深渊。"

其实，人们不只要懂得拒绝诱惑，对于一些人的无理要求，也要说"不"，否则你的人生将会因为不懂得拒绝而变得非常辛苦。美国幽默作家比林提出："一生中的麻烦有一半是由于太快说'是'、太慢说'不'造成的。"可见一个不懂得合理拒绝的人，人生将会因此而增添无数的烦恼。

相信每个成年人都或多或少有过这样的经历：自己上了一天的班，明明已经很累了，但由于不好意思拒绝同事的邀请，又强撑着去喝了几个小时的酒；面对别人一而再，再而三的过分要求，自己也知道没必要答应，但由于磨不开面子说"不"，于是只好沉浸在没完没了的"助人"痛苦之中……这种种现实都表明，不会拒绝是一件可悲的事情，它会把你的生活搅得一团糟。所以，父母要吸取教训，从小就要教育孩子如何合理地拒绝别人的要求。

一个男孩从小就失去了父母，在姑姑的养育之下长大。男孩上大学的时候，一边打工一边读书，他攒了一些钱之后，决定请姑姑吃一顿饭，以表达对姑姑的感谢之情。

男孩带着姑姑来到了闹市区，让姑姑选一个喜欢的饭店。于是姑姑走了很久，看中了一家五星级饭店，就对男孩说："这家好，就这家吧！"男孩看着饭店门口的五颗星，不禁暗暗捏了一把汗，自己哪里请得起啊！但想到姑姑对自己的恩情，还是把到嘴边的话咽了下去。

席间，姑姑点了一些价格比较高的菜，吃得很开心，但男孩却怎么都吃不下去，一直在想一会儿该怎样收场。后来他借着去卫生间的机会，偷偷看了一眼账单——3000多元。他惊出了一身冷汗，自己身上只有500元啊！回到座位之后，男孩更加心神不定，终于，他对姑姑说道："姑姑，我没有那么多钱来结账……"

姑姑听后没有不高兴，也没有吃惊，反而笑了。她说："这是我今天给你上的一课，叫作'学会拒绝'。姑姑养了你这么多年，对你的性格了解得很清楚，你是一个很善良的孩子，但又过于善良，从来不懂得拒绝别人的请求，所以总是把自己弄得很累。其实，你面对自己不想做的事，或者力不能及的事，完全可以直接说'对不起，我不能答应你'。这样一来，你的生活不就会轻松很多吗？"

人生在世，承担自己应该承担的，是负责任的表现；能够帮助别人做一些能力范围之内的事情，是善良的表现；但如果"来者不拒"地答应别人的请求，那就不怎么明智了。且不说有人会故意利用你的善良来"压榨"你，即使做的都是雪中送炭的事情，也会因为太过失去自我，而丧失进取的机会。所以，合理拒绝，应该是每个人都懂得的道理，是父母应该教给孩子的生活技能。

现实中，帮助别人的人常常有好人缘，拒绝别人则可能会失去一次建立亲密关系的机会。因此，怎么拒绝、如何有技巧地拒绝，也是需要父母传授给孩子的。

首先，孩子必须明辨是非，要清楚地知道哪些要求可以拒绝，哪些应当尽量予以同意。没有辨明是非的拒绝可能会让孩子成为一个无原则的人，甚至因此而得罪朋友。如果别人的要求是合理的，并且在孩子的能力范围之内，那么可以选择答应。比如，同学让他帮忙补习功课、小伙伴请他把书借给自己，这些都是可以答应的要求。但如果一个爱逃学的同学，让孩子帮他欺骗老师，那么即使在孩子的能力范围之内，父母也要告诉孩子应当坚决拒绝。

其次，帮助别人要有度。即使是合理的要求，又在孩子的能力范围之内，但如果三番五次地找孩子帮忙，那么对方很有可能是利用了孩子的善良，来为自己行一些方便，所以这时父母也要告诉孩子可直言拒绝。还拿上面的例子来说，如果一个同学向孩子借书，借了一本还没有还，又要借第二本。这样反复借，却不归还，孩子也要拒绝，或者要求对方先还了再借给他。

再次，三思之后再做决定。有些孩子是典型的"爱面子"型，别人一有请求，他几乎不假思索就答应了。如果事后发现事情有点儿难度，或者自己并不愿意帮这个忙，就会导致别人的希望落空，这既影响双方的心情，也会影响自己的信誉。所以，父母要教导孩子，遇到别人的请求先别急着拍胸脯，要想一想自己能不能做、愿不愿意做。一旦答应下来，就要力争做到、做好。

最后，拒绝的时候一定要讲究技巧。孩子之间的友谊也需要呵护，因此父母要教育孩子，拒绝别人时不要太直接，也不要表现得过于决绝，否则可能会破坏彼此的关系。父母可以模拟情景，让孩子学习拒绝的技巧。另外，也可以让孩子扮演提出请求的那一方，让他切身感受一下，如何被拒绝才不会太失望、太伤自尊。一些类似于"我很想帮可是能力不够""我再考虑考虑"的话，虽然会显得孩子有点儿成人的"油滑"，但这绝对是保护对方面子和彼此关系的绝佳的拒绝方法。

由不会拒绝到开始有选择地拒绝，再到很聪明地拒绝，孩子在这个学习过程中可能会有些不适应，但父母要相信，让孩子学会这一"本领"，对他的将来绝对是大有裨益的。

父母小贴士

不会拒绝的人，他的一生是劳累的；全部拒绝的人，他的人生是清冷的；懂得合理拒绝的人，他的人生才是最幸福的。拒绝别人不是一件丢面子的事情，就像全部答应别人也不代表你非常有能力一样。父母教会孩子拒绝，会带给孩子一生的轻松和快乐。

第六章

踢开心灵绊脚石，排除孩子成长的心理障碍

　　人们常说孩提时代是最无忧无虑的，也是最快乐的。但实际上，孩子的成长过程也是充满艰辛和痛苦的。因为他们在不断地适应外界、摸索规律、学习知识的过程中会与外界产生碰撞和摩擦，这是一个巨大的工程。但这些又是孩子的必修课，他们在遇到种种障碍的时候，不能逃避，只能想法排除。如果父母能够了解孩子的这些障碍，加以帮助，相信孩子的心理会朝着更加健康的方向快速发展、成熟。

1. 孩子请走出来，角落不是你的天堂

　　心理学中有这样一个名词：亲和效应。亲和，又称为亲和力，原本是化学领域的一个概念，特指一种原子与另外一种原子之间的关联特性，但后来越来越多地被用于人际关系领域，指某人对他人所特有的态度。心理学中的亲和效应，则是由亲和力转化而来的，是指人们在交际、应酬过程中用亲近的话语、笑容、肢体语言等吸引他人所产生的效果。

　　在我们的印象中，孩子应该都是快乐的小天使，调皮、爱玩，喜欢有人陪着，见了同龄人更是会感到新奇、高兴；如果没有人陪，他们会觉得备受冷落，会不开心……这是人们对孩子的最主要印象。但偏偏有一种孩子，生来就不太喜欢与人交往，喜欢独自玩耍，甚至不怎么跟父母亲近，也很难有什么东西能够引起他们的兴趣。这类孩子通常话很少，性格也比较沉闷，喜欢独自待在角落里。换句话说，这类孩子一点儿"亲和力"也没有，甚至不渴望与别人亲近，哪怕是自己的父母。

　　这类孩子相比于前文提到的有"社交恐惧症"的孩子更加令人担心，后者至少在亲人、熟人面前是活跃的，而这类孩子却好像有着与生俱来的"忧郁"，难免会让父母异常忧心。

　　孩子性格沉闷、喜欢安静、喜欢缩在角落，不排除有先天的因素。如果父母都是性格比较内向的，那么孩子也会遗传一部分这样的性情。如果是这个原因，只要孩子表现得不那么极端，父母就不用过于担心，在生活中注意加以引导，培养孩子快乐、积极的心境就可以了。但如果

是后天因素，父母就要重视起来了。

孩子性格孤僻、不爱与家人亲近，通常有以下几个原因。

第一，父母关系不和，经常吵架，孩子得不到应有的关怀和培养，心灵受到创伤，就会常常表现出一副"冷漠"的样子。在这样的环境中，孩子即使希望快乐一些，也难以达到目的，因此他们只能沉默寡言、闷闷不乐，久而久之，就好像得了"孤僻症"一般。

菲菲的父母又吵架了，她听着爸爸如雷的嗓音、妈妈的尖叫，吓得坐在墙角，用窗帘将自己整个裹了起来。接着，她又听到了打架的声音，她不知道是谁的巴掌打在了谁身上，但她很害怕，流着眼泪，使劲咬着窗帘。她很想出去告诉爸爸和妈妈，别再打架了，能不能开开心心陪自己玩一会儿，但是她不敢。

不知道过了多久，父母争吵的声音没有了。菲菲也在地上睡着了。第二天，爸爸送菲菲去上学。一路上，菲菲也不敢跟爸爸说话，因为她怕爸爸会像骂妈妈一样地骂自己。来到学校，菲菲也不敢跟同学说话，她觉得同学好像都知道了自己父母的事情，都在看自己的笑话，所以她只好永远缩在角落里……

从这个小女孩的心理感受来看，父母的关系恶劣，对孩子的伤害是很大的。父母要时刻提醒自己，必须给孩子营造一个和睦、融洽的家庭氛围，遇事多以包容、温柔的心态对待，尽量不要当着孩子的面争吵。只有将家庭氛围搞好，孩子才能真正感觉到自己是家庭的一员，是受父母关注的，而不是经常被吵架的父母无视的"小可怜"。这时，孩子当然不会自己到角落去品尝孤独的滋味，而是更愿意与父母一起享受交往、沟通、亲密的快乐。

第二，父母的性格过于孤僻，孩子也会受传染。有的家庭对外很封闭，家长在节假日从来不出门，也很少有人到自己家里来做客。这样的环境也容易熏陶出一个"孤僻"的孩子。孩子会模仿大人的样子，终日待在家里，看电视、玩电脑，几乎无交际、无娱乐。由于父母也很寡言，所以孩子也不愿跟父母亲近。这对孩子的成长是很不利的。

这里要给父母的建议是，到了节假日的时候，多带孩子到室外玩一玩，到别人家里热闹一下，到游乐场放松一天。孩子的天性都是爱玩的，他的快乐很容易被召唤出来，而只要他爱上室外、爱上热闹的地方，就会远离患孤僻症的危险。

英国人为了避免孩子太孤僻，甚至愿意花钱来"培养"孩子顽皮。在英国，一般家庭每个周末都有活动，不是到某个朋友家吃饭（往往是全家一起去，父母辈的聊天，孩子辈的玩耍），就是去参加某个小朋友的生日派对，或者去游泳、踢球。总之，周末差不多就是父母和孩子的互动日，很少会待在家里看电视。

第三，如果父母经常随意批评、否定孩子，甚至指责、训斥孩子，孩子就会丧失自尊心和自信心，会感到自己很笨、事事都做错，这种体验几经反复固定下来，就会使孩子形成自卑的心理，他总认为自己什么都不会、都不行，谁都不如，于是干脆一个人缩在一旁不敢出声、压抑自我。久而久之，孩子就会习惯于生活在角落，不愿跟人沟通。

在日常生活中，父母不妨采用一些肯定的评价，如经常说"虽然你没有成功，但我仍要表扬你，因为你已经努力了"，或者"你一直在努力，再加把劲儿，一定做得更好"。多肯定和鼓励孩子，多跟孩子进行肢体接触，如爱抚、点头、微笑、夸奖等，会收到意想不到的效果。

还需要提醒父母的是，如果孩子体弱多病，那也可能会导致他自卑、心情抑郁，不爱交际。因此，关注孩子身体健康，也是保证他心理健康的一个方面。节假日时，父母要多带领孩子投身到大自然中去，如旅游、登山、游泳等。这些活动不但可以培养孩子勇敢、乐观的精神和耐性，还能增强孩子的体质，使孩子在集体活动中变得开朗起来。

父母小贴士

家庭环境对孩子来说至关重要，这就好比什么样的土壤会决定长出什么样的植物一样。因此，做了父母的人，千万不要再放纵自己的"坏脾气"。父亲多展现自己宽厚的一面，给孩子安全感；母亲多将温柔、可爱的一面表现出来，打造一个充满温情的家，这就是对孩子成长最好的帮助。

2. 缺乏热情，孩子难有美好的未来

美国著名的心理学家、作家杜利奥曾经提出，没有什么比失去热忱更使人觉得垂垂老矣，精神状态不佳，一切都将处于不佳状态。此定理被称为杜利奥定理。他指出，人与人之间只有很小的差异，但这种很小的差异却往往造成了巨大的差异。很小的差异就是所具备的心态是积极的还是消极的，巨大的差异就是成功与失败。成功人士的首要标志，就在于他有热情积极的心态。一个人如果心态积极，乐观地面对人生，乐观地接受挑战和应付麻烦事，那他就成功了一半。

生活中我们不难发现这样一个规律：凡是在各领域比较成功的人，几乎都是精力非常充沛的人；而在生活中比较快乐的人，往往也是那些不管对什么事情都充满热情的人。相反，那些总是无精打采、满口抱怨的人，多半是生活在底层、碌碌无为的人。这说明，一个人的热情，是他进取的动力，也是拥有良好人际关系的前提。一个缺乏热情的人，他的生命也不可能有多么精彩。正如美国作家爱默生所说："如果一个人缺乏热情，那是不可能有所建树的。热情像糨糊一样，可让你在艰难困苦的场合里紧紧地粘在这里，坚持到底。它是在别人说你'不行'时，发自内心的有力声音——'我行'。"

热情到底能给一个人的生活带来多大的改变？麦当劳的老板雷·克洛克的故事可为你解答这个问题。

麦当劳餐厅最初是由麦当劳兄弟创立的。然而，它能发展成为连锁店遍布全球，要多亏当时从麦当劳兄弟手中买下它的雷·克洛克。

克洛克在加入麦当劳之前，做了30年的推销员，并且一直业绩平平。但他对生活总是充满着热情，他经常坚定地说："我始终相信，生命中最好的时光，还在前面。"因此，在52岁那年，他不顾亲友的反对和他人的嘲笑，义无反顾地加盟了麦当劳。他以270万美元买下了麦当劳公司，并以更加科学的管理方式进行经营。尽管不断遇到各种危机和难题，但克洛克始终没有放弃。这时，克洛克年迈、带病的身躯承担如此大的工作压力，已经令当时不看好他的人吃惊；而更令他们大跌眼镜的是，麦当劳凭着美味的食物和亲切的服务，越来越受到人们的喜爱。麦当劳公司不断扩大，到克洛克逝世前5年，已经成了和万宝路、可口可乐齐名的三大品牌之一，在全世界已经有了5000多家分店，是当之无愧的国际快餐连锁巨头。

这向我们说明，一个充满热情的人，总是对生活有着积极的心态，愿意尝试一些"可能"，直至最终获得成功。正是由于克洛克有着对生命的无尽热情，他才能坚持不懈地在每一次机会到来的时候付出努力，最终创造了麦当劳的辉煌。

而现实生活中，并不是每个孩子都充满着热情和积极向上的活力。有的孩子正值年少活跃的年龄，但却总是一副"老气横秋"的样子，对什么事情都缺少兴趣，缺乏尝试的热情。这样的孩子将来注定不快乐，也难有较大的成就。

那么，父母要怎样做才能让孩子变得积极、活跃，充满热情呢？

第一，加强孩子和外界的接触。在孩子的成长过程中，父母一定不要忽略了大自然的力量。经常和大自然接触的孩子，往往比那些终日闷在家里的孩子见识更多、心胸更广，同时也容易对很多事情产生兴趣。并且经常在室外玩耍的孩子，其活动量要比闷在家里的孩子大得多，而这些活动能够使身体更加健康、精力更加充沛，做起事情来也更有活力。所以，父母必须鼓励孩子多到室外活动，只有经常让孩子到室外做活动量大的运动，才能不断促使孩子的精神变得更活跃。

第二，经常鼓励孩子参加比赛。名次和荣誉虽然不应该作为比赛的最高目的，但这却能激发孩子的动力，使他对所从事的事情产生更大的兴趣。因此，如果妈妈发现孩子总是对什么事情都没有热情，甚至对游戏也没兴趣，那么不妨提高一下活动的竞争性，一旦孩子取得成功就要及时对他进行口头表扬或奖励；如果输了，也要及时对孩子进行鼓励，让他不要灰心，增强下一次赢回来的决心和勇气。

第三，培养孩子乐观对待事物的心态。有些孩子对生活中的各种事物都缺乏热情，是因为自己的心态有问题，他们在碰到一件事情的时候习惯用消极的眼光来看待，不是觉得做了也没意思，就是觉得自己做不好。事实上，父母要告诉孩子，事情的重要性不在于是否能做成功，而在于享受"做"的过程。让孩子学会用乐观的心态对待事物，整个人就会变得开朗、热情一些。

很多时候，对待事物的热情就来自于良好的心态，如果自己认可，且不被别人的眼光所左右，那么就可以自信、自在地做自己想做的事情；如果总是担心这个、忧虑那个，唯恐自己得不到别人的认可，那么遇事就会畏首畏尾，放不开手脚，即使原本对事物有热情，也会因此而减半。

总之，对于缺乏热情、比较沉闷的孩子，父母不能斥责和嫌弃他，要通过上述方法，耐心地反复指导他，想方设法让孩子一点点活跃起来。

父母小贴士

拿破仑·希尔说："一个人能否成功，关键在于他的心态。成功人士与失败人士的差别在于成功人士有积极的心态和高昂的热情。"的确，热情的人常常充满力量，更有能力去获得财富、成功、幸福和健康。幸运之门，永远为那些充满热情和活力的人敞开。

3. 爱哭的孩子，眼泪不是你的武器

英国诗人丁尼生在一首诗中记述了这样一件事：一位战士战死，有人将他的尸首带到了他的妻子面前。妻子见后悲伤过度哭不出来。有人说："她必须哭，否则她将会死去。"但谁都没有办法让她哭。后来，一位聪明的奶娘将她的孩子带到了她的眼前，她哭了，说："我甜蜜的孩子，我为你而活着。"就这样，哭泣缓解了这突如其来的严重打击所造成的高度心理紧张，使她避免了不幸。

上面的小故事，说明人在极度痛苦或过于悲痛的时候，如果能痛哭一场，往往会产生积极的效果，可以防止在痛苦中越陷越深而无法自拔。这就是心理学上的"哭泣效应"——人们因悲痛而哭泣并产生心情舒畅、避免不幸的现象。从生理角度来说，人在哭泣的时候，会随着眼泪排出有害身心健康的物质，而哭出声也能使人的紧张情绪得到释放，有利于人的身心健康。这告诉父母们，适当的哭泣其实是一件有益的事情，可以排出孩子身体里的毒素。不过，这并不代表，孩子每次哭都是在排放毒素。

对于婴儿来说，哭泣是他们和爸爸妈妈交流的方式，哭声中传递着各种信息，父母在哭声中知道：该给孩子喂奶了、该给孩子换尿布了、该抱一抱他了……随着孩子的成长，他们会逐渐用动作和语言来表达意愿，尝试和父母做更深入的沟通。当然，当孩子的语言不能够快速、准确地表达自己的想法时，也会一时情急哭出来。但如果孩子已经过了这样的阶段，仍然总是哭闹，那么父母就要查明其中的原因，想想对策了。

有的孩子爱哭是性情使然。假如孩子的情绪好冲动、易外露，那么当其遇到不顺心、不愉快的事情时，就会立刻大声哭闹。比如，不小心跌倒，或者某种要求没有得到满足。遇到这样的情况，父母可以利用孩子情感善变的特点，用玩具、图书或者讲故事来转移他的注意力，使他"破涕为笑"。

性格懦弱的孩子也很爱哭。很多家庭中都有这样一个"爱哭鬼"，一遇到不顺心的事情就哭个没完，弄的父母手足无措、心烦意乱。面对这样的孩子，父母该采取什么样的对策呢？首先，父母要明白，孩子性格懦弱，多半是不良的家庭教育造成的，比如溺爱。孩子遇事就哭，其实是在用哭声为自己找一个"挡箭牌"。这时，父母不妨多给孩子创造一些自己面对难题的机会，不要凡事都替他去做；另外，还要让孩子多与其他孩子接触，学习如何与他人相处。这样，孩子才不会遇到问题就害怕，而会逐渐把胆量壮大起来。

有的孩子颇有些"小心机"，他的哭常常伴随着一定的"目的"。比如，父母不给买他想要的玩具，他就坐在地上哭；父母不答应带他出去玩，他就趴在门上哭……孩子这种"要挟式"哭的前提，往往是因为父母曾经被他的哭"打败"过，孩子觉得哭是有效的，所以一而再地把这一招使出来。这时父母最好的解决和挽救方法，就是不予理睬，让孩子知道哭不能产生作用，不能为他带来他想要的东西；如果不哭，或许还有机会得到。

每个有孩子的家庭恐怕都经历过这样的"可怕"时期：孩子不知从几个月开始，就不断地让爸爸妈妈抱，有时一刻也不肯躺在床上；父母不抱他就不停地哭，一旦自己被抱起来之后，哭声立刻就停止了。很多家庭中都是一对大人被孩子折腾得筋疲力尽的情景。而在美国则恰恰相反，他们的孩子除了饿了、渴了、拉了、尿了，或者身体不适之外，很少为"求抱抱"而大哭不止。这是因为，他们的孩子从小就被灌输一种意识：哭不能让父母抱起自己，只有不哭的时候才可能被抱。也就是说，美国的父母在确保孩子没有生理需要的时候，不会因为他们哭就随便抱起来哄。所以，在美国，即使是一个家庭主妇带孩子，也不会觉得特别劳累。晚上的时候，她们也多半都能睡一个好觉。

如果孩子处处都以哭来作为要挟手段，那么父母将不堪其扰，孩子的心理发展也会受到影响。所以，最好的做法就是不在"哭"和"妥协"之间做出关联，孩子一旦知道哭是没有用的，就会转而采取别的办法。这时，父母可以引导他讲道理、温和沟通。

假如孩子到了五六岁，还是很喜欢哭，父母就有必要向孩子解释，动辄就哭是一种错误的行为，哭是解决不了任何问题的。遇到问题应该立即想办法去解决。例如，遇到问题而自己却不能解决时，可以告诉父母，向父母求助；有任何需要或病痛时，可以直接向父母说明。

父母还可以称赞一些他认识的不爱哭的孩子，并鼓励他向这些孩子学习。偶有不如意却没有哭的时候，就要及时夸奖他有进步了，或者给他一个拥抱、一个亲吻等。

旋旋和天天是一对表兄弟。一个周末，旋旋的妈妈要加班，就将旋旋送到天天家来，请天天的妈妈一起照顾。天天妈妈欣然答应了。两个孩子很快乐地度过了一天。

转眼到了晚上洗澡睡觉的时间，天天妈妈先给旋旋洗。整个过程很顺利，直到有一滴香皂泡沫钻入了旋旋的眼睛里。旋旋虽然很疼，但却丝毫没有不快地说："姑妈，香皂水进入眼睛了，你先帮我冲水吧。"天天妈妈听了，心里不由一惊，这个孩子一点儿都不娇气，换了我们天天，早就哼哼唧唧哭起来了。她决定待会趁机教育天天一番。

换天天洗澡的时候，妈妈故意没有那么"小心"，香皂泡沫也钻进了他的眼睛。天天果然哇的一声哭了起来。妈妈故意不去问他怎么了。天天哭了几声，看妈妈不哄他，只好自己捧起了水，把泡沫冲掉了。妈妈这才开口道："天天，刚刚妈妈给表哥洗澡的时候，他的眼睛里也进泡沫了，但你知道他是怎么说的吗？他没有哭，只是赶快告诉我，让我给他冲下水。给他冲干净的速度，比你先哭、再冲的速度要快多了。你也长成一个大孩子了，遇到事情不能只会哭，要快点儿想办法解决。懂了吗？"天天听了表哥的做法，不禁有点儿不好意思，说道："妈妈，我以后也不哭了，我要像表哥一样，赶快想办法。"

　　遇事不能第一时间用哭来对待，这是孩子应该学会的基本道理。一个只会哭的人，在别人看来是懦弱的。真正内心强大的人，哭只是迫不得已时的宣泄方式，而不是他对待事情的态度。父母要让孩子的内心强大起来，才能避免他滥用哭泣的缺点。

父母小贴士

　　哭是孩子来到这个世界后，学会的第一个与外界沟通的方式，也是他们达到目的的武器。这在一定时期内是可以被接受的，但不能一直被孩子沿用下去。当孩子习惯用哭来解决问题时，父母要多和孩子分享成人的交往方式和解决问题的方法，让孩子的心理快速成熟起来，进而，他对待问题的态度和解决问题的方法也会成熟起来。

4. 有礼貌才能成为有素养的人

　　有这样一个笑话：一个 4 岁的小女孩跟着妈妈走在街上，突然，她指着一个体形偏胖的男人大声说："妈妈，这个叔叔怎么这么胖？"那个男人听到这句话，回过头来看着正在吃棒棒糖的小女孩，笑着回了一句："因为我爱吃糖啊！"小女孩不好意思地笑了，妈妈脸上尴尬的神色也消失了。不会说话、不懂礼貌的人，能够遇上这样心胸开阔、有幽默感的人是一种幸运，但事实是，周围大多数人不能总以幽默来对待你的不礼貌、刻薄。所以，即使是童言无忌，父母也不能过于放纵孩子，而要尽早予以纠正。

在没有利益关系的前提下，人们最喜欢和什么样的人相处呢？或者说，在第一次相见之后，是什么因素会让人愿意继续交往下去呢？对于这两个问题，可能每个人都会有自己的答案，但无论是哪种答案，应该都少不了"礼貌"两个字。待人礼貌是最基本的素养，一个总是出言不逊、说话刻薄的人，怎么能让别人相信他的内心是善良的、友好的呢？只有懂礼貌、说话有分寸的人，才能在人际交往中具有吸引力，能够使别人愿意和自己长久地相处下去。这个道理适用于成人社会，同样也适用于"儿童世界"。另外小时候不懂礼貌的孩子，长大后也很难转变。所以，父母如果发现孩子过于"无忌"，就要对此加以重视，引导孩子逐渐回归到以礼待人的正道上。否则，孩子很可能成为一个不受欢迎的"乌鸦"，走到哪里都不被别人喜爱。

冉冉和妈妈正准备出门去逛商场，突然邻居刘阿姨过来串门。妈妈没办法，只好先和刘阿姨交谈起来。谁知道刘阿姨一坐就是半天，和妈妈聊得很起劲，一点儿要走的意思都没有。冉冉有点儿不耐烦，想到刘阿姨再不走，可能商场就要关门了，而妈妈承诺自己的花裙子也就要泡汤了，于是脱口说了一句："刘阿姨你快点儿回家做饭吧！我和妈妈要出门呢！"刘阿姨正在兴头上，被冉冉的话吓了一跳，尴尬地看了母女俩两眼，就起身告辞了。妈妈也很不好意思，边跟刘阿姨道歉边解释，最后怀着歉意把她送走了。她扭过头来刚想说冉冉两句，冉冉已经欢呼雀跃地换鞋准备出门了。妈妈到嘴边的话又咽了回去。

到了商场，冉冉挑剔地试了很多条裙子，不是嫌这条颜色不好看，就是嫌那条花纹不好看。她不停地指挥售货员帮自己拿这件、拿那件，交谈久了，发现这个售货员说话有些不利索，也不顾售货员在场，直接大声问妈妈："妈妈，她是不是一个结巴？"售货员的脸色由白转红，直接将这母女俩"转手"给了另外一个售货员。

多数情况下，孩子"童言无忌"的话语或许不是出于恶意，而只是很直接地表达出了自己的内心想法，因为没有考虑到听话者的感受，所以不懂得注意说话的方式。这并非孩子的错。但从父母的角度来说，必须教会孩子注意说话的分寸，不能让他成为一个口无遮拦的人。

父母发现孩子说话总是很"不客气"时，应该直接地告诉他："你说错了。"比如，案例中冉冉的妈妈，应该对冉冉说："刘阿姨来我们家做客，我们要对客人有礼貌。即使我们真的有事情要出门，也要有礼貌地说出来。你那样说是不对的。"直接指出孩子的错误，在这里是很必要的，否则孩子可能因为认识不到自己的错误，而习惯性地形成错误的说话方式。

如果孩子说的话很粗鲁、特别没有礼貌，带有伤害性质，比如有些孩子不知从哪学到一些不堪入耳的粗口，父母则决不能纵容，要第一时间告诉他："你这样说话大家都不能接受，你必须戒掉粗口，换个方式说话。"让孩子知道这些话语是带有侮辱性质的，相信他会明白这样说话是不会惹人喜欢的。

少数情况下，孩子说出的话会带有一些"攻击性"，也就是故意揭别人的短，或者故意很不礼貌地跟别人说话，用这种方式来表达自己对别人的不满，发泄自己的不良情绪。这种情况相对要难处理一些，因为要先纠正孩子狭隘的、故意伤害别人的心理。

这时，父母要纠正孩子，可行的方法有两个：第一，让孩子对被冒犯的人说"抱歉"。孩子说话失了分寸，伤害了别人，如果不让他对自己的行为负责，那么他从心理上会认为，反正不礼貌也没什么不好的后果，所以他下次还会再犯。因此，父母必须让孩子知道，他这样说绝对是错误的，并且要让他在明白道理之后，主动去向对方说"对不起"。相信这样的经历会让孩子记忆深刻，避免以后犯同样的错误。

第二，让孩子亲身体会被别人"说"的滋味。这个方法有点儿"重口味"，父母最好不要用在"初犯"的孩子身上。如果孩子屡教不改，且行为比较严重，父母则可以使出这一招来帮他改正。

孩子恶语伤人，也总有被别人中伤的那一天。如果孩子回来诉苦，父母先不要进行安慰，要对他说："现在你来想一下，为什么你会这么难过？被别人说的滋味是不是很不好受？再回想一下，自己以前对别人说的话，是不是也让他们很难过？"父母将孩子的经历变成他的教训，给他上一堂心理课，相信孩子真切地感受过，以后口出恶语的情况就会改善很多。

俗话说"礼多人不怪"，俗话又说"祸从口出"，可见说话是否讲究方式，对孩子将来的影响是十分深远的。父母要想让孩子做一个走到哪里都受欢迎的人，一定要好好教他学习语言这门艺术。

父母小贴士

语言是人与人之间沟通最基本、最重要的方式。给孩子一个良好的修养，让他懂得礼貌待人，绝不是锦上添花的事情，而是让孩子具备基本生存能力、社会竞争力的必要条件；相反，语言运用得差，它就会成为孩子人生路上的绊脚石，使他走到哪里都无法顺遂，跟谁都难以和睦相处。

5. 优柔寡断让孩子远离成功

有一个6岁的小男孩，一天在外面玩耍时，发现了一个被风吹落的小鸟巢，从里面滚出一只嗷嗷待哺的小麻雀。小男孩决定把它带回家喂养。当他托着鸟巢走到家门口时，突然想起妈妈不允许他在家里养小动物。于是，他轻轻地把小麻雀放在家门口，走进屋去请求妈妈。在他的哀求下妈妈终于破例答应了。小男孩兴奋地跑到门口，不料小麻雀已经不见了，他看见一只黑猫正意犹未尽地舔着嘴巴。小男孩为此伤心了很久。但从此他记住了一个教训：只要是自己认定的事情，绝不可优柔寡断。这个小男孩长大后成就了一番事业，他就是华裔电脑名人——王安博士。

做父母的都是望子成龙、望女成凤，但成功绝不会从天而降，而是需要一定主观和客观因素的，客观因素虽然不能由我们控制，但父母可以努力将孩子塑造成一个有成功潜力的"主体"，让孩子多一分成功的可能。那么成功的主观因素有哪些呢？除了智力、才能、性情，还有一点很重要，那就是决断的魄力。一个果敢、有决断的人，能够看准机会、抓紧机会，让机会变成成功的入口；而优柔寡断的人，能力再强、所遇到的机会再多，最后也会因为不敢决断，而只能看着其从身边溜走。

历史上很多才能盖世的英雄，最后却以惨败收场，都是优柔寡断造成的。跟刘邦争天下的项羽正是这样一个人，起初实力远远超过刘邦的他，原本有好几次机会能够轻而易举地除掉刘邦这个对手，但都因为他的优柔寡断而放虎归山。最终，刘邦羽翼渐丰，打败了项羽。项羽穷途末路，选择了自刎。可见，果断与否，对于一个人来说起着决定性作用。在能力和客观条件一定的情况下，决断之人与寡断之人，所取得的成就将有天壤之别。

优柔寡断产生的土壤是什么呢？其实还是源于没有自信。而没有自信，则很大程度上是由于有认知障碍。心理学上有这么一句话："人的决策水平与其所具有的知识经验有很大的关系。一个人的知识经验越丰富，其决策水平就越高；反之，则越低。"这也就是俗话所说的"有胆有识，有识有胆"。试想，如果我们学富五车，上通天文、下知地理，无论遇到什么事情都能很确定地表达自己的观点、做出自认为正确的决定，那又怎么会不自信呢？只有什么都不懂的人，做事才会犹豫不决，选来选去不知道走哪条路。所以，父母要让孩子克服优柔寡断的第一步，就是让他有足够宽的知识面，传授给他足够多的生活经验。当然，也不能少了对孩子的肯定，肯定一个人，是让他自信的重要条件。

第二个需要努力的方面，就是让孩子学会自立自强，或者说变得勇敢起来。容易优柔寡断的人多缺乏很强的独立性，他们遇事总喜欢依赖别人，让别人帮自己拿主意。所以，当遇到需要自己拿主意的事情的时候，就会左右为难，不知道该怎么办好了。所以，培养孩子的自信、自立、自强、自主意识以及独立性是非常重要的。

英国人就非常注重培养孩子独立、勇敢和坚忍的性格。英国的父母常常带着自己的孩子去探险，深入大自然，在险恶的环境中生存，目的就是为了锻炼孩子的意志和勇敢精神，让其变得自信，面对事情时能够果敢坚毅。平时在生活中，英国的父母也很少帮孩子决定什么事情，凡是觉得孩子能够做主的，都会放手让他们自己去决定。他们认为，如果父母经常参与到孩子的决策之中，一定会影响孩子的判断，让他们变得摇摆不定。长此以往，他们就会养成优柔寡断的性格。

避免孩子性格软弱、寡断的第三点做法，就是尽可能地支持孩子的选择。如果总是对孩子的做法表示不认同，时间一长，孩子就会怀疑自己的决定是否正确，进而在下一次做判断的时候变得难以抉择。

即使孩子在面对事情的时候一时难以抉择，父母也尽量不要代为决定。这时，与其直接告诉孩子正确的做法，不如使用启发式的话语来让孩子自己明白应该怎样做。比如，很多父母喜欢用命令句式对孩子说："按我说的做吧！""你得去做……"父母这样的口气会让孩子得到一种心理暗示，似乎自己是没有决定权的、只有服从的份儿。这样，孩子在独自面对选择时又怎能痛快地决定呢？与其总是命令孩子，不妨启发着说："你是否应该再多考虑一下呢？""这件事情怎样做更好呢？"这样的话语，会引发孩子独立思考，并按照自己的意志主动处理事情。

另外，如果孩子已经有了"优柔寡断"的苗头，遇到事情不敢独自决定，或者不能果断地决定，那么父母就要想办法"逼"孩子做决定。比如，没事的时候就跟孩子做游戏，当然是必须要让孩子思考、做决定的游戏。父母可以问孩子，如果你是一只小猴子，不小心掉进了猎人的陷阱里，你怎么做才能爬上来？如果你见到小朋友摔倒了，还流血了，你最先要做什么？在这样轻松的氛围下，孩子是比较容易做出决定的。

父母能多次和孩子进行这样的练习，当孩子面对真实事件的时候，果断决策的能力自然会有所提高。

总之，让孩子做事果断的关键，就是让他做自己的"主人"，敢于思考、敢于决定、敢于承担。这样的孩子，才有成就一番事业的良好基础！

父母小贴士

很多父母都怕孩子遭遇犯错的"风险"，于是用自己的身躯来保护孩子，替他做决策。殊不知，父母的这种做法会给孩子带来更大的风险——他可能因此变得优柔寡断，失去做判断的胆量和魄力。可见，父母宁可让孩子犯一些小错，也别剥夺了他的自主权，否则会贻害无穷。

6. 让怕黑的孩子爱上夜晚

想象力丰富是孩子的特点，是值得父母保护的。但如果孩子的想象力用在了"黑暗"上，那就可能会对孩子的心理造成不良影响。比如，很多孩子害怕黑暗，就是因为会将黑暗和各种恐怖的事物联系在一起：想象黑暗中有巫师、有鬼，想象衣橱里有怪物，想象空荡黑暗的房间中会出现大灰狼……对于孩子这种关于黑暗的种种"负面想象"，父母必须尽快想办法帮他克服。

从儿童心理学角度来说，怕黑在某个年龄层次上是属于正常的心理现象。由于他们年纪还小，对自然中的一些现象不懂得从科学的角度去分析和理解，尚处于一种本能的反应、理解阶段，理所当然会"胡思乱想"。随着年龄的增长，他们一般都可以正确地理解和认识小时候害怕的事物。

不过，将孩子克服黑暗恐惧这一心理难题完全交给时间也是不可取的。这是因为，造成孩子恐惧的原因是多方面的，不只是孩子理解能力有限。如果是一些客观原因造成孩子对黑暗过度恐惧，而这种恐惧心理又得不到缓解的话，将有可能给孩子的一生留下阴影。

比如，有些孩子的恐惧心理来源于父母的恐吓"你不乖乖吃饭，就会有妖怪过来抓你了！"或者"你再不好好睡觉，晚上就会有大灰狼来吃你！"这些话语，都会让孩子产生怕黑的情绪。基于这一点，父母要把好自己的"嘴"关，不要随便说类似的话来吓唬孩子。在平时和孩子的沟通中，要多灌输一些正面的思想。另外，如果孩子跟着祖辈的时间比较多，父母也要叮嘱老人，不要讲一些妖魔鬼怪的故事，而要多讲一些符合孩子年龄的童话故事。

再如，有的孩子怕黑，是因为有过独处的经历。有些父母觉得孩子长大了，应该独自睡一个房间，就不顾孩子的心理感受，强行让他一个人睡。还有些父母，为了惩罚犯错的孩子，而将他们独自关在黑暗的房间里。从父母的角度来说，他们认为这样做没什么，是为了孩子好。但孩子独自处于黑暗之中本来就会缺乏安全感，再加上父母的强制和指责，更容易产生挥之不去的恐惧情绪。

另外，一些媒体的影响，比如很多电视节目和书籍，都会将鬼怪和黑暗联系起来，这也会导致孩子对黑暗的恐惧。

如果孩子长期处于恐惧之中，必然会影响孩子的身心健康，甚至影响他将来的个性发展。父母该怎样来消除孩子对黑暗的恐惧呢？

首先，切忌用恐吓的方式来达到让孩子听话的目的。一些用妖魔鬼怪、凶狠的动物等来吓唬孩子的方式都要杜绝，以免孩子在黑暗中独处的时候联想到这些事物，引发恐惧情绪。同时，孩子犯了错，也不要用"关禁闭"的方式来处罚他，尤其不要关在黑暗的地方，孩子的心理一旦形成阴影，是很难消除的。

其次，父母无论是希望孩子独立，还是希望他变得勇敢，都不要采取强制的方式命令他独自待在黑暗中。沟通心理学上有一个经典名词叫"换位思考"，放在这里，就是说父母必须要先了解孩子在黑暗中害怕的是什么，才能顺利地帮孩子解决怕黑的问题。

有一位母亲，希望自己5岁的孩子能够独自睡在一个房间里，于是给他收拾好了儿童房，让他搬了过去。但儿子一点儿都不愿意，晚上还是经常抱着枕头到妈妈的床上去睡。

妈妈觉得孩子可能不喜欢这个房间，就在儿童房中摆了很多他喜欢的玩具、贴了很多动画片的海报。可儿子还是拒绝睡在这个房间里。妈妈生气了，觉得孩子是无理取闹，便将他强行关在了屋里。孩子一开始还请求妈妈让自己出去，但渐渐就没了动静。妈妈通过门的缝隙往里看，想知道儿子在干什么，但吓了一跳——原来，当夜幕降临的时候，从这个角度看过去，只有黑黑的墙壁、令人心惊的床底。别说是孩子了，就是大人整晚看着这些也会很害怕。妈妈立刻打开房门，将孩子抱了出来。

可见，不了解孩子心中所想，而只站在自己的角度考虑问题，父母可能只会让孩子的心理问题更加严重。

父母了解到孩子在黑暗中真正害怕的事物之后，要尽量让孩子说出心中的恐惧，这样才能真正解开他的心结。之后再用讲道理的方式消除孩子的恐惧。与此同时，父母要在情感上多关注孩子，多一些搂抱爱抚，给孩子以足够的安全感。

此外，在黑暗中和孩子做游戏，也是一个不错的消除恐惧的方法，这种方法能使孩子从心理上放松紧张情绪，从而对黑暗不再那么害怕。

莹莹上幼儿园大班了，原本都是和妈妈一起睡的，但这几天回到家里，她总是说幼儿园里的谁谁都自己睡一个屋了，所以她也想有一个自己的专属空间。妈妈很高兴，立刻为她收拾好了小房间。但第一天晚上，莹莹的"独立"就宣告失败了。她爬到妈妈的被窝里，嘴里喊着"我怕黑"，就在妈妈的臂弯里睡着了。可妈妈这下睡不着了，心里一直想着怎么才能让孩子越过怕黑这一障碍。

第二天晚上，吃过晚饭，妈妈对莹莹说："我们来玩捉迷藏怎么样?"莹莹立刻拍手叫好。妈妈又说："为了让你不容易找到我，我要把灯关了。"说完，就把莹莹卧室里的灯关掉。外面大厦的灯光透进来，还勉强能看清屋子内的摆设。两个人玩得不亦乐乎，直到累坏了，莹莹才和妈妈倒在了小床上休息。喘了一会儿气之后，妈妈对莹莹说："宝贝，你看，外面的灯光多漂亮。还有，你看天上的星星，一闪一闪的真好看……要不是关了灯，我们还看不到呢。还有，关了灯之后，虽然有点儿黑，但还有你的小桌子、小椅子、小柜子陪着你，你还怕什么呢?"莹莹点了点头，好像也很赞同妈妈的话。

这天晚上，妈妈不是直接去自己的房间睡觉，而是在莹莹身边，给她讲了一个很好听的故事，直到莹莹有了睡意，才亲了莹莹一下，离开了。晚上，妈妈由于惦记莹莹，醒了两次，但每次偷偷打开莹莹的房门，看她都睡得很安稳。

消除害怕的方法，就是将可怕的事物与快乐联系起来。孩子看到了黑暗中好玩的一面，知道了黑暗并不那么可怕，自然也就消除了恐惧心理。

父母小贴士

诗人顾城说："黑暗给了我黑色的眼睛，我却用它寻找光明。"其实这句话用在儿童教育心理学上同样很有道理。孩子既然怕黑，那么父母就着重培养他在黑暗中寻找光明、寻找快乐的能力。孩子有了这样的本领，当然就不会再惧怕黑暗了。

7. 强化定律让孩子形成勤奋的好习惯

据美国《行列》周刊报道，美国新罕布什尔州的查维斯夫妇的 5 个孩子先后考入了著名的哈佛大学。可能有人会想，这对夫妇一定很有背景，或者有大把的钱财，才能让所有的孩子都进入哈佛。但实际上，父亲雷·查维斯只是一名技术讲解员，母亲萝丝曾经担任过法庭文书，现在是办公室的行政人员。他们只是很注重对孩子的教育。他们认为，培养孩子对学习的热爱，对学习的勤奋精神以及能够接受一流的教育，是最重要的。事实上，一个孩子掌握知识的多与少，完全取决于他的勤奋程度。"

如果父母要培养孩子的好习惯，那么勤奋是最不能忽视的一个。一个人勤奋还是懒惰，几乎决定他一生的命运。很多并不那么聪明，但最后获得巨大成就的知名人士，都是借了"勤奋"的东风。爱因斯坦说："在天才与勤奋之间，我毫不迟疑地选择勤奋，她几乎是世界上一切成就的催产婆。"事实上，一个勤奋的人，他能够取得的成就必然比其他人要大。

但实际上，现在的孩子衣食无忧，在蜜罐中成长，长久以来过着"衣来伸手、饭来张口"的生活，勤奋二字几乎与他们没有关系，倒是"懒惰"的恶习像影子一样追着他们不放。不少父母都埋怨，自己的孩子太懒，懒得收拾东西、懒得叠被子、懒得学习，甚至懒得出门……

孩子的懒惰肯定会令父母烦恼，但父母也应该意识到，孩子养成懒惰的习性，是与父母的教育方式有一定关系的。孩子小的时候，对任何新鲜事物都感到好奇，总是想触碰各种东西，当然也包括渴望模仿大人的样子干活，比如扫地、洗碗什么的。但父母总是在这个时候站出来打击孩子的积极性，不是说"不用你做"，就是说"衣服弄脏了怎么办"。就这样，在父母不断地强化之下，孩子原本具有的勤快特质被削弱了，而懒惰的心态则开始占据上风。这就是"强化定律"在发挥作用。

科学家们特制了一个大水槽，把鲸鱼和它的食物都放了进去。很快，小鱼们被吃得精光，偌大的水槽里只剩鲸鱼在满足地游来游去。

接下来，科学家们把一块特殊材料做成的玻璃板放进了水槽，鲸鱼和小鱼们被分别放到了玻璃板的两边。当鲸鱼看到小鱼就在眼前时，便凶狠地朝小鱼游去，但鲸鱼的视觉是区分不了有没有玻璃板的，于是鲸鱼每次都结结实实地撞到了板上。数次被撞后，鲸鱼不再尝试捕食，它明白了眼前这些小鱼是吃不到的。

接着，科学家们拿走了横在鲸鱼和小鱼之间的玻璃板。小鱼们看到鲸鱼就在眼前，纷纷逃窜，鲸鱼却对眼前的食物视而不见。最后，强大的鲸鱼居然饿死在水槽里。

这就是心理学上著名的"强化定律"实验。它证明了人或动物的本能，如果没有得到强化，最后就会消失。

孩子所接受的教育也是一样的，当他们一次次地被父母制止尝试想做的事情，继而这种"不作为"就会被强化，使得孩子慢慢变得"懒惰"起来。父母如果想让孩子改掉懒惰的习惯，变得勤奋起来，那么同样离不开这种行为强化。这是因为，强化定律不仅仅是孩子学习新行为的一种心理机制，也是其通过肯定或否定的反馈信息来修正自己行为的手段。也就是说，父母可以通过自己的引导和奖惩制度，让孩子由懒惰向勤奋转变。比如，父母如果在对待孩子勤奋还是懒惰这个问题上奖惩分明，关注孩子勤奋的行为使之强化，批评孩子懒惰的习惯使之消失，那么，孩子形成勤奋的好习惯一定会变得更为容易。

第一，用"正强化"的方法让孩子形成勤奋的习惯。很多人都有这样的体验：当自己做了一件事，得到了周围人的肯定和赞许，那么再次做这件事的积极性就会得到提高。如果这种积极性一直保持下去，就会形成一种习惯。孩子勤奋做事也是如此。如果孩子某次表现得很勤奋，父母一定要及时进行表扬。这种正面、积极的外界反应，对孩子勤奋习惯的养成有着明显的促进作用。

第二，建立一套有效的奖惩制度。很多父母在教育孩子的过程中，通常会明显地表现出自己对孩子懒惰的不满，却经常对孩子的勤快行为视而不见。所以，孩子在这样"一碗水端不平"的强化行为中，会学会"钻空子"，逐渐形成避免懒惰、但也难得主动勤奋的投机心理。因此，父母要建立一套完整的奖惩制度，要惩罚孩子的错误，也要及时奖励孩子做得好的地方。

父母可以尝试采用"计分"的方法：主动收拾房间一次，记一分；主动洗自己的衣服一次，记一分；主动洗碗一次，记一分；主动读书、做作业，记一分……当孩子积累到五分或十分的时候，可以带孩子出去玩一次，或者让孩子自己选择奖励的方式。这样，孩子的劳动兴趣会被间接地培养起来。当然，奖励的方式要以精神奖励为主，孩子表现进步时，一定要进行表扬和鼓励，让孩子意识到，他的努力是有价值的。

第三，强化勤奋的快乐。很多孩子懒惰的表现还在于，他们一提起劳动、学习就觉得是一件很痛苦的事情。这可能是受了父母的影响，也可能是孩子在后天的不良体验中得出来的结论。这时，父母要向孩子强化"勤奋的人是快乐的"这一概念。比如，自己做家务的时候，把孩子叫上一起做，一边做一边说笑，做完之后可以坐在一起欣赏劳动成果，感受收获的喜悦；又如，经常给孩子讲一些名人通过勤奋努力而成功的事例，让孩子明白，勤奋可以让自己的梦想得以实现，勤奋可以给自己带来美好的、无忧无虑的生活。

孩子的懒惰并非一朝一夕形成的，是父母不当的教育不断强化导致的结果。所以，父母在教导孩子变得勤奋时也不可操之过急，要让孩子一点儿一点儿地体会到勤奋的乐趣，让孩子在这种正强化之中慢慢变成一个勤奋的人。

父母小贴士

勤奋是一张漂亮的标签，能够让一个人有更好的声誉；勤奋是一张通往梦想的船票，能够让一个人做一番大事；勤奋还是一剂使心情愉悦的良药，能够让一个人拥有快乐。然而勤奋的形成，也需要有愉快的心理环境，因此父母要给孩子不断的正强化，让孩子真真正正体会勤奋给人带来的愉悦感受。

8. 没有规矩，不成方圆

心理学上有一个著名的"热炉法则"，源于西方管理学家提出的"惩罚原则"，说的是在规章制度面前人人平等。如果在工作中，有人违反了工作制度，那么就像碰到了火炉一定会受点伤一样，最终也会受到惩罚。从这个法则的含义来看，它倾向于对破坏规矩的人一定要进行惩罚。多年来，它也是很多企业管理成功的保证。

家庭教育中其实也离不开"热炉法则"。很多家庭中，由于孩子是家里所有人的掌上明珠，家里人宠着、捧着还来不及，别提定规矩了。因此，导致很多孩子在成长的过程中失了规矩，任性、自私、骄横、喜欢胡闹，甚至和别人打架等。俗话说："没有规矩，不成方圆。"用于形容当下很多孩子的情况非常贴切。在这种情况下，在家庭教育中适当运用"热炉法则"就显得很有必要了。很多教育专家也认为，没有惩罚的教育是不完整的教育，也是一种不负责任的教育，最终会把孩子教育成一个不懂规矩、蛮横无理的人。因此，当孩子犯了错误时，父母有必要采取适当的惩罚措施，让孩子知道自己的错误所在，从而懂得约束自己的行为。

孩子不好好吃饭，是令很多妈妈苦恼的事情。每次吃饭的时候，都要上演妈妈在后面抱着碗追、孩子在前面跑的"大戏"。如此没规矩的孩子，有些妈妈却能轻而易举地让其变得听话起来。秘诀就是，这些妈妈会给孩子制定关于吃饭的规矩，孩子一旦违反，就必须受到惩罚。

在他们家庭中，如果孩子到了吃饭时间吃零食、不好好吃正餐，或者在餐桌上捣乱，妈妈会立刻把孩子的饭收起来，并且告诉他："你今天什么都不能吃。"当然了，她们说到做到，绝不会因为孩子随后肚子饿了而妥协。在接下来的时间里，不管孩子怎样恳求，妈妈都会坚持完成自己的惩罚。而到了第二天，则会收回惩罚，让孩子吃饭。在这样的"热炉法则"下，孩子很少挑食，或者在吃饭的时候做别的事情，而往往是不用妈妈操心，就能自己坐在饭桌边吃得很香。

俗话说得好："孩子今天笑得多，明天可能哭得多。"因为孩子生下来是不懂得规矩道理的，父母如果不教给孩子，并且采取一定的惩罚措施来阻止孩子犯错，那么他们就会在没规矩约束的环境下长大，而因此形成的任性、自私的性格，当然会让他们处处碰壁、常常哭泣。

不过，惩罚手段也不能滥用，否则就有可能因为惩罚过度而给孩子的心理造成伤害。那么，父母应该怎样合理运用"热炉法则"呢？

首先，坚持孩子犯了错就必须惩罚的原则。父母有时觉得孩子犯的错误小、无伤大雅，或者自己心情比较好，就随意宽恕了孩子的错误。这种做法只会让孩子有恃无恐，今天犯小错，明天可能会犯大错。因此，父母一定要坚持原则，让孩子知道，做错事就要付出代价。这样，有利于孩子形成明辨是非的价值观，也有利于孩子约束自己的行为、避免侥幸心理的产生。

这天是蓝蓝的爸爸发薪水的日子。下班回到家后，爸爸、妈妈带着蓝蓝去逛超市。蓝蓝以前是一个十足的"小购物狂"，每次到超市都要"扫荡"一番。后来，妈妈觉得蓝蓝这样既浪费钱财，又会形成不正确的消费观，于是给她立了一个规矩：每次去超市的时候，只能选两样自己想要的东西，其中最多一件玩具。

这一天，蓝蓝或许是感觉到爸爸的心情不错，想钻个空子，就开始不断地把零食、玩具往购物车里放。妈妈提醒道："蓝蓝，还记得一次只能买两样东西的规矩吗？"蓝蓝撇了撇嘴，看了看爸爸，爸爸宽容地笑道："就让她'放纵'一次吧，今天难得高兴。"妈妈却表现得无比坚定："总是会有值得高兴的事情，今天破坏了规矩，下一次还会找借口破坏。所以，蓝蓝，如果你不按规矩做事，妈妈今天就一件都不给你买。"蓝蓝有点儿犹豫，但她似乎觉得自己得到了爸爸的支持，想了想还是多放了几件在购物车里。

果然，结账的时候，妈妈把蓝蓝选的东西全部挑了出来，没有给她买。蓝蓝很想哭，但想到妈妈从来不会因为自己哭而妥协，只好将眼泪收了回去。这次，她也长了一个教训：一定要按规矩来。

其次，惩罚的度要适当。父母惩罚犯错的孩子，是为了让孩子改掉错误，所以惩罚要适度，既要达到目的，又要避免惩罚过度给孩子带来身心伤害。比如，孩子因为不听话，摔坏了遥控器，那么可以惩罚孩子三天不许看电视，但不能罚他永远不许看，更不能打骂孩子；孩子抄作业、欺骗老师，就不能只轻描淡写地批评他两句，而要采取具体的惩罚措施，如让孩子写检讨书，认识到自己的错处，保证以后不再犯……

最后，父母惩罚孩子，前后态度要一致。有的父母一冲动就对孩子大加责罚，刚惩罚完又觉得心疼了，于是又"收回成命"，去哄孩子。这样前后不一的态度，起不到惩罚的效果，还会让孩子觉得父母"阴晴不定"，体会不到惩罚的真实意义。

总之，父母惩罚孩子，最主要的目的是改正孩子的不良行为，但前提是要保护孩子的自尊，不要有辱骂、体罚等行为，否则极容易损伤孩子的自尊心，那样就得不偿失了。

父母小贴士

　　奖励和惩罚，像是家庭教育中缺一不可的两只手，一只手负责给孩子爱和自信，另一只手则负责教会孩子什么是规矩。所以，父母不要只顾着爱孩子，而忽略了让他懂得应有的规矩。一直生活在顺境和宠爱当中的人，多半会成长为一个不知礼节、不懂规矩的自私之人。

第 七 章

坚守尊重原则，
给孩子一碗温暖的
心灵鸡汤

电视剧《家有儿女》是一部风靡一时的情景喜剧，播出以后受到广大儿童观众的喜爱。之所以受儿童喜爱，最主要的原因之一，就是其中的孩子并不是以依附于家长的角色出现，他们不是家长的小跟班，也不是家长的"复制品"，他们被允许有个性，对家长服从少、平等交流多。正是这种平等尊重、而不是一味命令的家庭氛围，感染了孩子们，得到了他们的认可，因此这部剧才深得孩子们的喜爱。这就给了现实生活中的父母们一些警示：要想和孩子相处得如同朋友一样亲密无间，就要坚守尊重原则，而不是过多地干扰和强迫孩子。

1. 温和的话语似春风，吹开孩子的心房

孩子为什么不愿意跟我交谈？为什么我和孩子的沟通多半以失败告终？为什么我们之间难有那种温情的话语？相信生活中有不少父母都有这样的疑问和感慨。其实不管每个家庭的具体情况如何，沟通不畅多半都是一个相同的原因造成的，那就是父母没有较多地顾及孩子的感受，而总是站在自己的角度发言，使得说出来的话让孩子感觉如刺耳的针，而不是温柔的春风，因此自然不愿和父母有过多的交谈。

很多父母为自己和孩子的沟通出现了问题而苦恼不已，向人倾诉时也总是觉得自己很委屈：我费尽心力养大孩子，现在他却不愿跟我说话……其实，父母们有没有想过，是否是自己对孩子的说话态度有问题，才逐渐让孩子对自己"敬而远之"了？

先来看一个真实的例子：

孩子背着书包回家，刚进屋，妈妈就横眉怒目，问道："你今天上课的时候是不是和同学说话了？你现在怎么学会这个臭毛病了？妈妈不是说不能在课上随便说话吗？要不是我今天给老师打电话，你是不是还不准备告诉我？"孩子看见妈妈的样子，张了张嘴，又把话咽了回去。其实，他是想告诉妈妈："我只是向同学借了一把尺子，我的尺子坏了。"就这样，这个孩子整个学期都没有尺子用。可他宁愿每天借同学的，也不愿意跟妈妈说。

看到这个妈妈说话的态度，相信所有人都会觉得像在谈判、在辩论，

不像在和自己的孩子说话。以一种与对手争辩的态度和孩子说话，孩子当然不愿意有所回应。心理学上有一个"低声效应"，说的是，与雄辩型、演说型的谈话方式相比，沉稳、温和的谈话方式更容易让对方接受。相信这个道理很多父母都懂，但在实际生活中，却有太多的父母忘记了这一原则，总是喜欢用"高分贝"来训斥孩子，好像自己的声音越大、气势越逼人，就越能说服孩子。试想，假如我们遇到这样一个人，愿意和他继续沟通、并且做无话不谈的朋友吗？在家庭教育中也是同样的道理，随时谨记"低声效应"，记住不管是谈论什么事情，较低的声音往往都比高声音效果要好。中国有句话叫作"有理不在声高"，同样适用于与孩子的沟通。

父母施行"语言暴力"，也是破坏亲子沟通的一大杀手。什么是语言暴力呢？一是恐吓。父母如果经常用话语恐吓孩子，就容易使其产生紧张、焦虑、抑郁、敏感、恐惧等心理反应，严重时还有可能造成孩子智力低下，甚至出现神经衰弱、偏执等症状。二是攀比。不少父母对孩子期望过高，但又着急孩子一时无法做到最好，于是就从语言上"旁敲侧击"，不是说"谁谁家的孩子数学比你好那么多"，就是说"谁谁都当班干部了"。这样的语言在父母看来是激励，但孩子听起来却是沉重的打击。三是故意夸大其词。比如孩子犯了一个小错误，父母为了让孩子意识到自己行为有偏差，就故意将后果说得很严重。其实，这只会让孩子产生恐惧心理，继而为避免惩罚而养成撒谎、隐瞒等坏习惯。

经常使用"语言暴力"的父母，虽然自我感觉没什么恶劣后果，却可能让孩子心里十分不舒服。这就是"说者无心，听者有意"。这一现象，在心理学上被称为"瀑布心理效应"。也就是说，即使信息的发出者心理比较平静，但传递的信息被接受后却使得对方极度不平静，从而导致接受者态度行为的变化。这种心理现象，就像大自然中的瀑布一样，上面平平静静，下面却已激起了千层浪。

一天，妈妈做好了饭，看着女儿放学的时间已经到了，但左等右等，女儿还是没回来。这时，妈妈先是责怪说："这孩子，肯定又贪玩了。"

一会儿，妈妈语调高了起来，明显带有愤怒的情绪："这都什么时候了，还不见人影！饭菜都凉了！这孩子真不懂事！"又等了一会儿，女儿还是没回来。夫妻俩越想越害怕，该不会出什么事了吧？都这么晚了能去哪里？两人正要出去找，女儿开门回来了。妈妈上前就是劈头盖脸一顿骂："你这个死孩子！你死哪去了？我们差点儿一家一家给你同学打电话了！你还知道回这个家啊！"女儿几次张口想解释，都被妈妈给堵了回来。女儿再想说，已经被妈妈一把推到了屋里："今晚别吃饭了！好好在房间里反思反思吧！"

妈妈的本意是关心，看到孩子时也是放心，但却用责骂和推搡来表达自己的感情。女儿呢？从父母那里得到的只有斥骂和责怪，原本想沟通的心思也没有了。父母这种拙劣的爱的表达，不仅打破了原本可以顺畅沟通的局面，想必还深深伤了女儿的心——很多研究都已经证明：父母苛求、缺乏温柔的养育方式与过分保护、干涉一样，都有损子女健康成长。

父母要想和孩子保持良好的沟通，必须牢记上面所说的"低声效应"，也必须杜绝"语言暴力"。父母和孩子说话，要时刻抱着和陌生人说话的心态，这样才能做到对孩子的尊重。比如，孩子回到家，先用愉快的语调和孩子打招呼；观察孩子的心情，确定孩子有时间和情绪聊天；在和孩子沟通之前先征求他的意见，问他此时是否愿意和自己交谈；和孩子说话要尽量用温柔的语调，即使是探讨孩子的错误和严重的事情也是如此；尽可能地找孩子感兴趣的话题聊。

每个人都希望被别人温和地对待，孩子也不例外。并且，对于心灵相对脆弱一些的孩子来说，对别人和自己谈话的态度会要求更高一些。父母要用心体会孩子的感受，尽量用温和的话语来和孩子沟通。

父母小贴士

温和的语言是一阵春风，能够吹开孩子的小小心房、打开孩子的"话匣子"，让他愿意将自己的心里话说出来；温和的语言是一汪泉水，能够滋润孩子的心灵，让父母讲的道理更容易渗透到孩子的心中；温和的语言还是一剂疗伤的良药，能够快速治愈孩子心中的伤口。

2. 蹲下来跟孩子交流，做孩子的"自己人"

美国精神病学家威廉·哥德法勃曾经说过："教育孩子最重要的，是把孩子当成与自己人格平等的人，给他们无限的关爱。"无数事实也证明，只有以平等的眼光看待孩子，孩子才能将父母当作他的"自己人"，也才能够和父母达到最佳的沟通效果。正如两个相连的装水容器，只有两边一样高低，才能达到"对流"、相互容纳的效果，如果一边高、一边低，那么水就只能朝着一个方向流——亲子之间的沟通就会变成"一言堂"。

在如今的家庭中，父母对孩子爱则爱矣，但却少有父母能和孩子做到平等交流的。父母教育孩子，总是习惯性地对孩子发号施令，把自己认为对的强加到孩子身上，而很少考虑孩子内心的想法。而当孩子不愿按照自己的意思做时，父母就对孩子大失所望，连说孩子"不懂事""不听话"，最终不是强迫孩子按自己的想法行事，就是一副"痛心疾首"的表情。

　　父母总觉得孩子理解不了自己的良苦用心，但假如父母扪心自问，就会明白，每个人都有自己的立场，没有谁愿意按照别人的想法来生活，孩子也是一样。如果父母肯蹲下来，从孩子的视角来看世界、看问题，以和孩子完全平等的地位来与其交谈，也许就能体会到孩子内心深处的感受，或者有机会倾听到孩子心底的声音。

　　圣诞节这天晚上，一位年轻的妈妈带着 5 岁的女儿去参加圣诞晚会。热闹的场面，丰盛的美食，还有圣诞老人的礼物……妈妈兴高采烈地和朋友们打着招呼，不停地领女儿到晚会的各个地方，用餐、跳舞、谈笑，她以为女儿也会很开心，但出乎她的意料，女儿的情绪始终不好，宴会到一半时，她几乎哭了起来。为了不破坏这一夜的好心情，妈妈耐心地哄着，但女儿却不领情，赌气似的坐到地上，鞋子也甩掉了。

　　妈妈气愤地一把把女儿从地上拖起来，狠狠地训斥几句之后，蹲下来给孩子穿鞋子。在她蹲下来的一刹那，她惊呆了：她的眼前晃动着的全是大人的屁股和大腿，而不是自己刚才所看到的笑脸、美食和鲜花。她明白了女儿为什么会不高兴，于是立刻带着女儿离开了宴会，回到了家里。

　　父母居高临下地和孩子沟通，必然无法看到孩子眼中的世界，也无法体会孩子的内心所想。只有蹲下来，才能和孩子处于平等的位置——不只是生理上的高度，也是心理上的高度达到了一定的平等状态。这时，孩子才能将父母当成"自己人"，才愿意说出自己的心里话。

　　心理学上有一个"自己人效应"，是指对方把你与他归于一类。在人与人的交往中，面对"自己人"时是自己最愿意说出心里话的时刻，因为在人们的心中，"自己人"与自己有着一样的视角、一样的思想，最容易接受自己的观点和想法。

　　父母想要成为孩子的"自己人"，第一步就是要"蹲下来"。其实，"蹲下来"只是一种形式，目的是让孩子感觉到你尊重他、重视他，在认真地和他沟通。这样，孩子才愿意把你当作自己的朋友，向你一吐内心的想法。

日本著名的儿童文学家黑柳彻子，曾以一本《窗边的小豆豆》享誉全球。这本书流行于很多国家，作者被认为是"再也没有比她更了解孩子的了"。许多孩子看了这本书后，很羡慕豆豆能有那么好的机会去巴学园，能碰到像小林校长那么好的老师。

　　在很多大人的眼中，这本书的主人公小豆豆纯粹是一个"问题儿童"——实际上在巴学园中，每一个孩子都是我们眼中的"问题儿童"。那么孩子为什么还会羡慕她呢？原来，小豆豆因为淘气被原学校劝退，来到一所新学校——巴学园。小豆豆到巴学园的第一件事情，不是被妈妈当着校长的面"揭疮疤"，也不是校长、老师的思想教育，更不是听"要是再那样的话，你就没学上了"之类的恐吓、危言。而是校长把妈妈打发走之后，把椅子拉到小豆豆面前，面对小豆豆坐下来，说："好了，你跟老师说说话吧，说什么都行，把想说的话，全部说给老师听。"然后，小豆豆就把陈谷子烂芝麻的事情都搬了出来，甚至把"擤鼻涕、钻篱笆"的事都说了出来，当小豆豆因绞尽脑汁仍找不到有什么可说的而伤心时，校长摸着她的头说："好了，从现在起，你是这个学校的学生了。"

　　校长一上午 4 个小时的时间就这样"浪费"了，但在这么长的时间里，校长先生不但"一次呵欠没打，也没有露出一次不耐烦的样子，而且像小豆豆那样，把身子向前探出来，专注地听着小豆豆的话"。小豆豆觉得"只有校长一个大人这么认真地听她说话"，"和这所学校的校长在一起的时候，她感觉非常安心、非常温暖，心情好极了"，"能和这个人永远在一起就好了"。

　　现实生活中，有几个大人能够做到像小林校长一样，认真地听孩子"发牢骚""倾倒情绪垃圾"呢？又有哪个家长能够如此认真地听孩子说话达一个小时呢？小林校长一听就是 4 个小时，完全将自己和小豆豆放在一个平等的位置上，没有丝毫说教的架势。很多父母埋怨孩子不愿意和自己沟通，或者说现在的孩子太难教育，其实真实情况是他们不肯花时间去认真倾听孩子、平等地和孩子交流。所以，孩子只好对父母锁起了心门、关闭了心扉。

所以，当父母们看到孩子因为帮助同学而晚归时，别再只顾着发泄自己焦急等待的情绪了，而应该对孩子竖起大拇指，说一句"你真有爱心"，接着再说"下次最好先打个电话回来"，相信孩子会更乐于接受；看到孩子捡起别人扔掉的东西，先别火冒三丈地呵斥孩子扔掉，耐心地问一问孩子，也许他只是记住了妈妈的一句"不要乱扔垃圾"……

孩子的世界其实并不难懂，孩子的心与大人的距离也不像我们想象中那样远，孩子就是一个单纯的"小人儿"，就看你愿不愿意去接近他、了解他，做他的"自己人"。

父母小贴士

不是居高临下地命令，也不是简单粗暴地呵斥，而是蹲下来，和孩子处于平等的位置，耐心地去听、用心去理解。当你真正做到时，也许就会有意想不到的收获。

3. 对孩子放手，给他百分百的信任

苏霍姆林斯基说过："每一个儿童都是带着想好好学习的愿望来上学的。这种愿望像一颗耀眼的火星，照亮了儿童的情感世界。他以无比信任的心把这颗火星交给我们——老师、父母。但这颗火星很容易被尖刻的、粗暴的、不信任的态度所熄灭。"

从一个孩子的角度来说，他们除了基本的吃、喝、睡等生理需求之外，最需要的心理感受是什么呢？是父母的爱和信任。天下几乎所有父母都能做到前一点——爱，但却没有多少父母能够做到对孩子真正地信任。相反，父母的行为，总是在表达着他们对孩子的不信任。孩子小时候，他们要为孩子打理好起居；孩子上学后，他们要为孩子决定学校的事情，从交什么朋友到选什么辅导班都要管……似乎在父母的眼中，孩子是没有决定能力的，所有的事情如果少了自己的安排，孩子不是手足无措，就是会学坏。

但实际上，父母这种怀疑是杞人忧天。如果父母能够试着放开手，以信任的态度让孩子去自行决定一些事情，那么孩子会觉得这是父母对自己能力的认可，几乎没有哪个孩子愿意辜负这种信任。于是，这种信任就会转化为孩子做好事情的巨大动力。儿童心理学家曾说："如果孩子能够从父母身上得到充分的支持和爱，孩子将会比父母想象中更早地走向独立。"

现实生活中的情况往往不是这样，而是父母过多地干预了孩子的决定，剥夺了孩子做事的权利。

妈妈买了一袋橘子回家，最爱吃橘子的菁菁高兴极了，立刻去洗了手准备剥橘子。但当她洗完手回来的时候，发现妈妈已经把橘子放到了冰箱里，只留下了一个，正在剥着。菁菁有些着急，嘴里说着："我来剥，我来剥。"就上前想要抢过来。

妈妈一扭身，把菁菁挡在身后，说道："别急，等一下，马上就剥好了。"菁菁一听，发现妈妈压根儿就没有在听自己说话，更着急了，跺着脚喊道："快点儿！我要剥！不用你剥！"可不管菁菁怎么强烈要求，妈妈还是自顾自地剥着。

终于，橘子剥好了，妈妈转过身来，递给菁菁，说："再着急妈妈也要给你剥好啊，你不记得你上次剥橘子，弄脏了衣服吗？"菁菁看着妈妈剥好的橘子，生气地说："不吃了！"

菁菁的妈妈就是一个典型的对孩子不信任的妈妈。即使菁菁在剥橘子的时候弄脏衣服又怎样呢？至少她在这个过程中学到了剥橘子需要的技巧，下一次说不定就能完好无损地把橘子剥开。妈妈对菁菁的不信任，导致菁菁失去了尝试的机会，才使得菁菁这样生气。

其实，如果父母能够对孩子表达信任，就可以激发孩子内心的动力，让他们体验到成功的快乐和失败的快乐。他们会在父母充满信任的目光和言语中，从摔倒的地方爬起来，一步一个脚印地走向成功，实现心中的理想。

一位儿童教育专家曾经指出，教育的奥秘就在于坚信孩子"行"，忘却孩子"不行"。父母应该知道，孩子需要的不仅仅是无微不至的照顾，他们的心灵深处最强烈的需求和成年人是一样的，就是渴望受到赏识和肯定。父母要自始至终坚持给孩子前进的信心和力量，哪怕是一次不经意的表扬、一个小小的鼓励，也许都能让孩子激动很长时间，甚至就此改变孩子的整个精神面貌。

一位即将参加考试的孩子，因为贪玩耽误了学习。面对越来越近的考试期限，孩子的妈妈没有责备他、放弃他，反而一直鼓励他："妈妈相信，以你的能力，如果现在开始努力，也不算晚，你一定能克服困难，提高自己的学习成绩。"在妈妈的鼓励之下，孩子抓住最后的时间努力学习，最后竟然考出了优异的成绩。拿到奖状之后，他非常感谢妈妈，说："当时如果没有妈妈的信任和鼓励，我不会有这么大的学习劲头，也难以取得这样的成绩。"

每个孩子的潜能都是巨大的，只不过有的被父母的"不信任"埋了起来，有的则能够在父母的"信任"之下被挖掘出来。对于父母来说，必须给孩子足够的信任和空间，让他们放手去做，而自己只负责在孩子成长的道路上为他们送上鲜花和鼓励，这才是孩子快速成长和进步的好方法。在儿童教育领域，有一个著名的"暗含期待效应"，其原理就是信任。这种效应经过实验之后，被广泛地运用于现代教育，教育工作者从对孩子信任出发，培养孩子的积极性，让孩子在别人的鼓励和信任中不断进步。

生活中，父母出于保护心理，不可能一时做到完全放手、完全信任孩子。不过，父母要一点一点地改变自己的行为，经常问自己以下三个问题：第一，我对孩子信任了吗？没有信任，怎么能做到放权、给他空间？第二，孩子真的做不到吗？这件事情看起来有点儿复杂，但孩子通过努力，或许能有令人惊喜的效果？第三，即使知道孩子做不到，就永远不给他机会吗？孩子如果没有通过一次两次的努力和改进，想必他真的会永远做不到。父母经常这样反问自己，约束自己那双伸出的手，多给孩子一些信任和鼓励，孩子的能力可能会在短时间内快速提升。

我国教育家陶行知先生曾经说过："教育孩子的全部秘密在于相信孩子和解放孩子。"哪怕孩子一时表现差、学习成绩差也并不可怕，只要多给孩子一些信任，让孩子自由选择、自由思考、自由尝试，那么孩子创造出的结果，也许会让父母"目瞪口呆"。

父母小贴士

如果说孩子是一株小树苗，那么父母对孩子的一次次干预、不信任，就像在孩子的头顶设置了一个罩子，挡住了孩子原本应接收的阳光雨露；而父母每一次信任、放手的言语，对于孩子来说都是一股滋润的清泉。父母若能经常表达对孩子的信任，说不定哪一天，就会发现孩子已经成长为一棵参天大树。

4. 父母统一言行，给孩子明晰的概念

圣·保罗的家庭教育家贝丝·卡丁女士喜欢用"野餐和蚊子"的故事来告诫父母要言行统一。她说："当你在明尼苏达野餐时，不可避免地会有一只蚊子想咬你。你赶走它，它又回来；你再赶走它，它还会回来。

直到你站起来，追着它，将它拍死，它才不会再咬你。"如果你只是用嘴强调你的标准，那就像赶蚊子，不会管用，只会浪费你的精力。言语只是标准，行动才是强调。

一个能做到言行一致的人，才能成为一个受欢迎的人。在家庭教育中也是如此。父母言行一致，不仅会让孩子觉得有安全感、对父母充满信任感，还能让孩子对事物形成明确清晰的概念。因此，父母在家庭教育中最正确的做法，就是答应孩子的事情一定要做到；或者要求孩子的行为准则，自己也应该照做。这样才能树立家长的威信，让孩子乐于服从。

不过，现实生活中，父母随意违背承诺、"单方面的标准"屡见不鲜。比如，父母答应周末带孩子去吃麦当劳、去游乐场，但因为自己工作忙或者只是想休息就"毁约"了；父母平时总是教育孩子要多读书，不要只顾着玩，自己却一得空就守在电视机前，也没看过几眼书……父母自己可能浑然不觉，认为这些都是"小事"，但这对孩子的影响却是相当大的。某个记者在一所小学进行了一次调查，结果显示，竟然有95%的孩子认为父母言行不一。可见，父母一次"不经意"的食言，会在孩子心中造成多么大的负面影响。

这天是周末，小逸早上起床之后，突然想起了什么，很兴奋地跑到书房里，对爸爸说："爸爸，我想去动物园，你今天能带我去吗？"爸爸正在电脑前忙碌着，头也没抬，回答道："小逸乖，爸爸今天太忙了。下周，下周一定带你去。"小逸懂事地点了点头，不再吵爸爸了。

好不容易盼到了第二个周末，小逸起了个大早，迅速地洗漱完毕，却看到爸爸还在呼呼睡大觉。小逸轻轻摇了摇爸爸的手臂，见他睁开了蒙眬的双眼，说道："爸爸，你不是说今天带我去动物园吗？现在可以走了吗？"爸爸坐起来想了半天，才想起自己上周似乎是说过这么一句话。他脑袋一沉又躺回床上，回答道："小逸，爸爸实在是太累了，让我多睡会吧。改天有空一定带你去啊……"小逸失望地走出了爸爸的卧室，心想再也不会相信爸爸了。

父母许下承诺却不履行，就好比给了孩子一个希望，又亲手将这个希望打碎。这不仅会让孩子对父母的信任度降低，还有可能导致孩子也学会"开空头支票"的坏习惯。所以，建议父母说话之前一定要三思，不要轻易承诺和下标准，但一旦答应了或者要求了孩子，就要坚持屡行或让自己也做到。

首先，父母要以身作则，尽力做到言行统一，对同事、亲友都要做到讲诚信，说话要有信用。假如出现了问题，父母也不要推卸责任，因为这将使孩子也学会推卸责任。责任是和信誉联系在一起的。

其次，前后的言语要尽量一致，不要总对孩子说"可是"。心理学上有一个"可是效应"，是指为了说服别人，先采取"是"的态度，然后再采取"可是"的态度，从而促使对方接受自己的观点。这一方法在某些沟通中非常见效，但在对孩子做承诺时却最好禁用。比如，孩子希望你给他买一件玩具，你回答说："我可以给你买玩具。"孩子听到这里一定非常高兴。但如果你继续说："可是你的成绩没有达到我的要求，所以我不能给你买。"这时孩子的感觉就像是从天上掉落到地上，相信他会觉得，还不如最开始听到的就是"不买"。所以，父母不如将这句话改为："妈妈很想给你买那个玩具。如果能够将它作为你取得好成绩的奖励，想必你自己也会非常开心。"要避免说"可是"，避免给孩子一种事事都要以大人的思想为转移的感觉。

另外，言行一致不分大小事，父母不要忽略生活中的小事。父母也许都曾经历过这样的事情：孩子提前完成了你布置的习题，但你看时间还没有到，于是又给孩子增加了些额外的习题；你答应让孩子看一个小时的电视，但刚过半个小时，你就开始催促孩子去写作业。也许父母会说："我连答应带他去旅游都去了，答应给他买游戏机也买了，这点儿小事算什么？"但实际上，对于孩子来说，失信无小事，你给他的"物质"远远不能代替给他的"感觉"。这些都是会让父母的信誉度降低的事情，孩子会觉得，他按你的要求做了，你却一再改变自己的承诺，于是就会慢慢变得不再喜欢你、相信你了。

今天开家长会，岩岩得到了老师的点名表扬，在下面听着的妈妈很高兴，散会后，说可以答应岩岩一个要求。岩岩好像等待这个机会很久了一样，立刻大声说："我想去电玩城玩'战警'，玩我想玩的游戏！"妈妈虽然不大喜欢岩岩去那里玩，但鉴于他这一学期表现很好，并且想到偶尔去一次也没有坏处，就点头答应了。岩岩兴奋地高呼"太棒了"。

可到了电玩城之后，岩岩的兴奋劲儿很快就下去了。原来，岩岩喜欢的那几个游戏，妈妈都不让玩，只允许他投投"篮球"、打打"地鼠"，岩岩不满地说："妈妈，这都是小孩子玩的游戏了，我不能打一会儿'战警'，开一会儿'汽车'吗？"妈妈也有点儿不高兴："妈妈都退了这么大一步，兑现承诺带你来玩了，你怎么就不能听妈妈的话呢？"岩岩有口难辩，只好不再说什么。

亲子教育并不是做生意谈价钱，不能因为自己兑现了承诺，就企图让对方也后退一步。在亲子教育中讲究的是绝对的诚信，父母必须做到事不论大小、前后言行一致，才有资格教导孩子，也才能让孩子信服。

父母小贴士

信任就像一口井，父母每失信一次，就像是从井里往外提了一桶水；久而久之，井就会干涸，亲子之间也会出现信任危机。所以，父母一定要记住，孩子虽然思想简单，但与他们的交流却不能简单，反而要事先考虑成熟，一旦出口就要有相应的行动跟上。这样，不仅于亲子关系有益，还能使孩子形成正确的价值观，明晰交际概念。

5. 孩子的人生，交给他自己做选择

1631 年，英国商人霍布森从事马匹生意，但是他只允许顾客在马圈的出口处挑选。然而这个马圈只有一个小门，体形大的马根本出不去，能出来的只是瘦马、小马和病弱的老马。顾客挑来挑去，自以为完成了最满意的选择，其实只是一个低级的决策结果。显然，这是一种没有选择余地的所谓"选择"，实际上就等于不让挑选，后人将这种现象总结为"霍布森选择效应"。

霍布森选择效应给了我们这样一个启示：如果一个人的选择空间非常有限，那么思维就会局限在一定范围之内，他的想象力和创新力也会因此而受到局限。也就是说，如果不能随心所欲地在众多的选择中选择自己最想要的，那么一个人将很难进行创造性的学习、生活和工作。

很多父母在教育孩子的过程中就犯了类似的错误。他们总是将孩子未来的方向固定在几个方面，总是按照自己的想法为孩子选择未来的道路，孩子选择的空间没有打开，无权进行更符合自我意愿的选择，因此他们在被迫接受的过程中很难有所建树。但遗憾的是，很多父母看不到这一点，只一味地将自己认为对的和好的选择强加给孩子，无形中使孩子丢掉了很多发掘天赋和潜能的机会。

迈克生于一个物理学之家，父母都是物理界的知名学者。

迈克的父母都希望自己的孩子将来也成为物理学界卓有成就的人，于是夫妇俩在迈克很小时便向他灌输各种物理知识。但不知什么原因，迈克无论如何对物理提不起兴趣，但对经商情有独钟。他在夜里偷偷地学习有关商业及商业管理方面的知识，几乎到了如饥似渴的地步。

迈克无法违背固执的父母的意愿，成年后，他不得不到父亲所在的学校教物理。但他知道，物理绝不是他的优势，他相信，他的经商才能与商业知识足以让他在商界成名。

终于，父母放弃了对他的要求，但拒绝提供任何帮助。若干年后，积累了丰富商业知识的迈克终于在商场上有了自己的一块领地，成为英国首屈一指的房地产大亨。

试想，假如天下的父母都按照自己的想法来控制孩子，那么相信这个世界上将会少很多优秀的艺术家、成功的生意人；如果父母总是希望孩子按部就班，做大人认为正确的事情，那么这个世界上将会少很多创造性的成果。因此，父母应当明白，家庭教育者不能用所谓的标准或者成功之道来束缚孩子，这会扼杀孩子多样化的思维，从而也扼杀了他们的创造力和想象力。

卉卉上四年级了，学习成绩比较稳定，妈妈盘算着，应该让卉卉发展一个特长，将来不管是从事相应的职业，还是当作一个爱好，对于卉卉来说都是有益的。

可是选择什么特长好呢？学唱歌吧，自己并不希望她走这条路；学钢琴吧，又觉得学的人太多了。想来想去，妈妈决定给卉卉报一个绘画班。

妈妈将这个消息告诉卉卉，卉卉并没有表现出期待和兴奋。她想了一会儿，对妈妈说："妈妈，我能不学绘画，去学吉他吗？"妈妈听了，非常意外，问："你为什么有这个想法呢？"卉卉说："妈妈，我一看到电视上的明星在弹吉他，我就觉得手很痒，也非常想学。"妈妈有点儿不高兴："女孩子哪有学吉他的？再说了，即使你想学乐器，也该学钢琴啊，吉他怎么能登大雅之堂？"卉卉沉默了。

妈妈最终还是给卉卉报了绘画班。但令她心急的是，入门班眼看都要上完了，卉卉连画笔都拿不稳，每次都是心不在焉地在画画。但有一次，妈妈带着卉卉到姐姐家玩，卉卉看到表哥的吉他之后，兴奋不已，吵着要跟表哥学。表哥教她时，她听得别提有多认真了。那架势，仿佛已经是一个初入门道、对吉他很有感觉，但又渴望更进一步的小吉他手了。回家的路上，妈妈反复思考了很久，决定不再让卉卉学绘画，而是支持她学吉他。

在孩子一些喜好的选择上，或者是学习对象的选择上，如果无关道德和法律，父母应该尽量少为孩子做决定。如果父母希望提醒孩子，那么给他一些基本的建议即可，最终的决定最好仍由孩子来做。因为，即使父母再了解孩子，但孩子自身的喜好、关注点、特长，是没有人比他自己更清楚的。而只有发自内心的选择和决定，才能让孩子用尽所有的精力去为之努力。这就好比一片土地，虽然种水果要比种粮食的单份利润高，但在这片土地上粮食的产量要远远高于水果。那么最佳的选择当然就是种粮食，薄利多销，最终的利润当然会高于种水果的利润。

尊重孩子，给他自由选择的权利，虽然听起来简单，但很多父母却都无法洒脱地做到。其中一个原因，就是父母平时对孩子管得太宽了，小事尚且不肯让孩子自己做主，更何况关乎未来职业和整个人生的大事。这就告诉父母，平时生活中就要对孩子放开手，给他充分的自由。父母应该明白，自己选择的不一定是正确的。换位思考一下，自己在孩童时代，即使年龄小、不谙世事，也不愿意自己的事情都任父母安排。让孩子自己去体验、去总结，不要将孩子的事情总当作自己的职责，否则父母会觉得很累，孩子还不"领情"。

给孩子选择的权利，甚至放心地让他去决定自己的人生之路如何走，这代表着父母对孩子的尊重，表示给孩子发展兴趣的自由和空间。这样，父母既能保护孩子对事物的热情，又能让孩子在兴趣中发挥自己的创造精神和无限的潜力。最终的结果，也许会比父母原本的安排更好。

父母小贴士

广受欢迎的喜剧《家有儿女》，其主题曲中有这样一句歌词："让我们自己创造，也许会更好。"这是父母们需要牢记的一句话。如果孩子有自己的想法，能够按照自己的想法做事，那么他们的创造力和想象力，也许会打造出令父母都吃惊的结果，甚至奇迹。

6. 转个弯，让孩子接受自己的看法

心理学上有一个"欧弗斯托原则"，是指在说服一个人的时候，可利用巧妙的说辞，让对方不得不接受你的提议。提出这个原则的人是英国心理学家欧弗斯托，他帮助人们解决了很多沟通中的问题。同样，这一原则在家庭教育中也很有效。

很多父母都明白一个道理，将自己的意愿强加给孩子，孩子不一定愿意照做，勉强做了也不一定觉得快乐。但有些事情，如果孩子执拗地按照自己的想法去做，明显对他是有害无益的，比如有的孩子不爱吃饭、偏爱零食，不好好睡觉、晚不睡早不起，不爱写作业、只想着出去玩……对于这些情况，父母虽然知道不能由着孩子，但"牛不喝水强按头"也不是办法，只会引起孩子的反抗和反感。这时，父母可以通过一些沟通技巧来让孩子服从自己。

在生活中，沟通技巧是很重要的。如果只会直来直去地让别人接受自己的想法，那么结果可能会"两败俱伤"，难以达到自己的目的。亲子教育同样是这个道理。日常生活中，父母经常要说服孩子做一些事情，或者是在双方意见相持不下的时候，父母希望孩子听自己的。这时，和孩子说话的方式不应该是强化性的，反而应该做出"退一步"的姿态，把"主动权"让给孩子。

吃过午饭之后，宁宁在客厅里看动画片，妈妈觉得有些头疼，就在卧室里休息。谁知，宁宁把电视的声音调得太大，妈妈根本无法入睡。她几次起来想让宁宁关掉电视、去写作业，但都没有成功，宁宁甚至还会和妈妈顶嘴了："你们大人可以做自己想做的事情，为什么不让我看电视？"妈妈很无奈，躺在卧室里黯然神伤。

过了一会儿，爸爸从书房走出来，很温和地对宁宁说："儿子，你是希望现在赶快写完作业，晚上痛痛快快地和爸爸下楼踢球呢，还是想带着没写完作业的烦恼踢球？"宁宁想了想，立刻关掉了电视，转身进屋写作业去了。

很多时候，孩子并不是不赞同大人的说法，只是他们不愿意自己总是在别人的安排下做事，他们渴望自己能够决定一些事情。所以，当你把选择权交到孩子手里的时候，就会发现他其实还挺通情达理、挺懂事的。

用类似的方法说服孩子的时候，要尽可能地多给孩子一些选择，比如"你觉得……""这个怎么样"，切勿用"你应该……""你为什么不能……"这样的话。要让孩子自己去思考，去体会其中的道理，而不是简单地给孩子摆出两个选项，"逼迫"他选择其中一个。

菲菲每天都要喝一瓶鲜橙汁，并且必须是带果肉的，否则她一口都不喝。这天，妈妈接菲菲回家的时候，照例带她到楼下的小超市买橙汁，老板抱歉地表示，今天有果肉的鲜橙汁已经卖完了，只剩下几瓶没有果肉的。妈妈本想带菲菲到远处的超市去买，但想到吃完饭还有很多事情，就想让菲菲今天先将就一下，喝一瓶没有果肉的。谁知菲菲非常坚定，偏不妥协，还噘起了小嘴跟妈妈生气。

妈妈想了想，问道："菲菲，奶奶每次来我们家都给你带礼物，对吗？"菲菲回答："是呀。我很喜欢奶奶！"妈妈又问："如果奶奶下次来我们家，没有给你带礼物，你还喜欢奶奶吗？"菲菲想了想，点点头：
"嗯，我喜欢。"妈妈说："对呀，奶奶是我们的亲人，奶奶疼菲菲，所以
奶奶带不带礼物，菲菲都应该喜欢她。同样的，我们喝鲜橙汁是因为它
味道甜，而且对身体好，那么没有果肉的也一样甜、一样对身体有好处
啊。所以菲菲不能太挑剔。"菲菲想了一下，觉得有道理，主动去向老板
买了一瓶不带果肉的鲜橙汁。

要想让孩子不加抵抗地改变主意，父母要学会晓之以理、动之以情，
这是任何消极对立的观点都难以招架的。因为打动孩子的感情要比简单
生硬的命令和责难强十倍。这就要求父母要有诚意，说出的每一句话、
每一个字都是发自内心的，是真心实意地渴望与孩子交流的，并渴望得
到孩子的认同与理解。这样，孩子才能打心眼儿里信服父母，而不是被
父母的权威所吓倒，或者是有一天发现自己被父母"忽悠"了。

父母小贴士

其实每个孩子都是一头可爱又倔强的"小毛驴"，你顺着他，
他就愿意以积极的姿态跟你相处；你一定要拧着他的想法，让他顺
从自己，那么结果只能是两个人"貌合神离"。父母不要觉得和孩
子沟通不需要"绕弯子"，实际上，跟孩子说话必须要适当绕个弯
儿，才能让他更好地理解自己、接受自己的想法。

7. 孩子也有隐私，需用心呵护

美国临床心理学的研究表明，就算是年龄很小的人，有时也需要一些私人空间，他们也是有隐私的。的确，从儿童心理发展的角度来看，2岁半左右的宝宝已经开始有羞耻感了，3岁的宝宝会有一些不愿意让别人知道的小秘密，4岁以后的宝宝则会有越来越多不希望别人知道的事情。这些都是宝宝在成长过程中正常的心理需求。

说到隐私、隐私权，很多人首先想到的是大人。如果说孩子也有需要被保护的隐私，可能大部分人会觉得有点儿不可理解。但实际上，孩子在很小的时候就开始在意自己的身体隐私，或者有自己的"小秘密"了。这就是孩子的隐私。你的孩子可能会想要自己上厕所，自己穿衣服或脱衣服，在自己的房间里看书，或是在你看不见的地方和小朋友玩耍。同时，他们还会有一些不愿让别人知道的事情，比如爸爸妈妈吵架或离婚、自己身体上的缺陷、某次游戏得了最后一名、某次活动出了洋相、因为不听话被惩罚或者其他让他们觉得"丢脸"的事情。

小吉今年5岁，已经有一段时间没有尿床了，妈妈表扬他成大孩子了，他很高兴。但谁知乐极生悲，一天早上，小吉醒来的时候，发现自己的床单又湿了。他正不知该怎么办时，爸爸走了进来，看到小吉又尿床了，笑着大声叫妈妈来看："你来看，我们小吉又'画地图'了……"小吉一听，顿时红了脸，很不高兴地低下了头。

这天，本来应该由爸爸送小吉上学，但小吉怎么都不肯，妈妈问他为什么，他说："我害怕爸爸跟幼儿园的小朋友说我'画地图'。"

孩子的小心思父母可能不明白，也不知道他们费心掩藏是出于什么心理，或者说不能理解他们也会因为隐私泄露而害羞。但父母要尽可能地对他的这些做法和要求表示尊重，正像父母也希望别人能够尊重自己的隐私一样。

孩子们最在意哪些事情？父母在遇到哪几类状况时要特别注意保护孩子的隐私呢？

第一，不要笑话孩子的生理缺陷。假如孩子身体上有一定的缺陷，比如一紧张就容易口吃、私处有不好看的胎记，或者其他很容易令孩子感到自卑的地方。对于这些，父母要想办法为孩子"保密"，不要拿这个开玩笑，否则孩子会觉得无地自容。

小敏是个漂亮的小姑娘，只是臀部有一大块暗红色的胎记，形状像一个桃心。小敏的父母觉得这很有趣，于是从婴儿时期开始，就爱在别人面前"展览"小敏屁股上的红色"桃心"。到了3岁的时候，小敏对这样的"展览"开始表现出不耐烦，时常有抗拒的举动。父母认为孩子只是有点儿"不好意思"，并没有在意。然而随着时间的推移，小敏的表现越来越反常，已经发展到一见到客人就躲藏起来，更是拒绝父母不断企图脱下自己裤子的行为。

如果小敏的父母能够换位思考一下，就会知道小敏为什么如此抗拒他们的行为，试想，谁会愿意将自己的臀部展示给别人看呢？孩子虽然还小，但也希望自己的私处受到保护，尤其是私处有不愿告人的小秘密时。所以，父母要体会孩子的心情，不要再将孩子的生理缺陷当作笑料展示出来。

第二，不要总提孩子不愿提起的从前。每个人都会有一些"不堪"的过去，或者犯过一些低级的错误。这些"过去"或错误也许是令他们自己想起来都很尴尬、很害羞的，因此他们希望这些被大家永远忘记，不要有人再提起。如果父母一直将这些挂在嘴边，孩子一定会觉得自己的隐私被扒开了，在被别人笑话。

萌萌已经长成一个11岁的大姑娘了。别看她现在很苗条，小时候可是一个十足的小胖墩。但是，哪个女孩喜欢被别人说自己胖呢？即使是说从前，萌萌听着也很不顺耳。所以，每当别人提起自己小时候时，她总是格外敏感。

可是萌萌的爸爸偏偏不懂女儿的心思，每次家里来了客人，客人夸赞萌萌长得漂亮的时候，爸爸就会笑着补充两句："别看她现在漂亮，小时候是个胖妞儿，那脸蛋胖的，还有那游泳圈一样的大腿，啧啧……"萌萌每次听到这些话，都会生气地转身回自己房间去，不再理爸爸。

如果孩子不希望这些过去再被提起，父母就应该配合孩子，忘掉它，而不能总是揭孩子的"短"，这样不仅会伤害孩子的自尊，还会让孩子感觉自己在赤裸裸地被别人审视、任别人笑话。

第三，不要随便进入孩子的私人空间。孩子从 3 岁开始，就会希望有自己的秘密、自己的空间，父母这时已经不能再将他们看做小婴儿了，也不能为了探寻他们的秘密而私自进入他们的小世界。对于孩子来说，这也是侵犯他们隐私的行为，会让他们产生反感。

娇娇有一个独立的小房间，里面有一个小抽屉，是她的"隐私地带"，她不准任何人碰这个抽屉。虽然她多次向家里人申明，但妈妈总是笑一笑，就当作没听见——她不理解，一个 6 岁的小女孩有什么隐私不能被别人看见。有一次，妈妈要给娇娇收拾屋子，想也没想就打开了这个抽屉，见里面就是一些贴纸、绘画，也没什么特别的，于是简单整理了一下就关上了。谁知娇娇回来之后，看出自己的抽屉被动了，顿时大发雷霆。妈妈非常纳闷：有什么呢？我也没有看到什么不能见人的东西，娇娇为什么这么生气？

孩子希望有自己的空间，并不代表他们一定要藏一些"不可见人"的东西，他们只是希望自己能够得到别人的尊重，有相对独立的、属于自己的地方。因此，如果孩子指明了自己的某些地方不允许别人看，那么父母就不要不当回事，要尊重孩子的意见；当然，也不要去追究里面放了些什么。孩子稍大一些时，父母甚至不能再随意进入他们的房间，而是要在进去之前先得到他们的允许。这样，孩子才能充分感觉到自己的隐私是被尊重的。

在这个世界上，每个人必须有一些只属于自己的东西，才会感觉到踏实。比如一个爱人，一定的财富，几个至亲的人，另外很重要的就是有一定的独立空间。对于孩子来说，这一点同样成立。孩子作为一个独立的个体，也需要有自己的空间和隐私，这样他们才能有安全感，才能感觉到自己是被尊重的。

8. "南风法则"，惩罚他不如宽容他

北风和南风比威力，看谁能把行人身上的大衣脱掉。北风先来，它吹得冷风凛冽、寒冷刺骨，结果行人为了抵御北风的侵袭，把大衣裹得更紧了。南风则徐徐吹动，顿时风和日丽，行人觉得身上暖洋洋的，因此解开纽扣，继而脱掉大衣，南风获得了胜利。这就是"南风法则"，也叫作"温暖法则"，它来源于法国作家拉·封丹写的一则寓言。它告诉我们：温暖胜于严寒。

父母都希望自己的孩子行为规范、少犯错误、服从自己。但实际上，每个孩子在成长过程中都会犯很多错误，并且喜欢和父母对着干，当然也很难在儿童时期就显现出"人中龙凤"的特质。这就使得很多父母常常对孩子产生诸多不满，甚至大动肝火，要用强力来压制孩子，使他服从自己。于是，很多父母在教育中都习惯性地扮演了"北风"的角色。殊不知，父母这些不恰当的批评和指责，有时不但起不到纠正孩子行为的正面效果，反而会让孩子远离父母，甚至产生一系列心理问题，如孤

僻、自闭等。

一位教育家曾说："当孩子犯错误时，我们应该先避开错误本身，把孩子从错误的阴影中带出来，带他们走向温暖的阳光地带，打开他们的心锁。"也就是说，父母在犯错的孩子面前，应该先以"南风"的姿态出现，先"吹"掉孩子的逆反心，再纠正他的错误习惯。如果父母总是简单、粗暴地对待孩子，那么孩子难免会产生破罐子破摔的想法，继续不断地犯错。教育界有这样一句名言："孩子的身上存在的缺点并不可怕，可怕的是作为孩子人生领路人的父母缺乏正确的家教观念和教子方法。"

泽泽上小学五年级了，经过跟妈妈商量之后，他开始自己走路去上学。可是不久，老师就找到了妈妈，说泽泽最近总是迟到。妈妈没有骂他，更没有打他。而是在临睡觉的时候，对泽泽说："孩子，告诉妈妈好吗？为什么那么早出去，却还是迟到？"泽泽说："我发现在河边看日出太美了，所以每天都去，看着看着就忘了时间。"第二天，妈妈一早就跟他一起去河边看日出。当她看到日出的景象时，对泽泽说："真是太美了，儿子，你真棒！"这一天，他没有迟到。傍晚，他放学回家后，看到书桌上有一块好看的小手表。下面压着一张纸条："日出很美，但它一天只有那么一会儿能被我们欣赏，说明好的事物总是短暂的，所以我们更要珍惜时间，好好学习，你说是吗？爱你的妈妈。"从这之后，这个孩子再也没有迟到过。

清朝著名学者颜元曾经说过："数子十过，不如奖子一长。数过不改，也徒伤情；奖长易劝，也且全恩。"这句话给我们的启示是，孩子犯了错误，用表扬的方式让他明白，要远远好过以批评的方式让他丢面子、伤自尊，进而产生逆反情绪，故意反其道而行之。

父母若要将自己对孩子的关怀和激励恰如其分地表达出来，用温暖的方式给孩子以教导，应该尽力做到下面几点。

第一，善于发现孩子身上的闪光点。每个孩子都有自己的优点，父母想要经常做"南风"，夸奖孩子，就要先了解孩子有哪些值得表扬的优点，这样才能"言之有物"，显得真诚而不虚假。如果总是编造一些所谓的"优点"来表扬孩子，那么不仅达不到教育的效果，还会带来副作用，让孩子因为父母的虚伪而产生错误的价值观。

晴晴和小紫周末的时候一起做老师布置的作业——做一个手工布袋，晴晴的妈妈边做家务，边负责照看她们。两个小丫头做好之后，都争着把自己的作品给妈妈看。妈妈忙碌之余简单扫了两眼，说道："嗯，小紫画的花很漂亮，晴晴布袋的颜色不错。都值得表扬。"两个孩子很高兴，到一边讨论妈妈的评语去了。

第二天，晴晴放学回来，很生气地把自己的布袋扔在沙发上："妈妈，你骗人！我的布袋颜色根本就不漂亮！老师表扬了好多同学，却没有表扬我！"说完气鼓鼓地坐在沙发上。妈妈拿起布袋仔细看了一下，可不，灰不溜秋的，一点儿也不鲜艳。自己昨天怎么能随便乱说呢？这下，她不知道怎么跟晴晴解释了。

孩子通常都是很认真的，尤其是会牢记父母对自己的表扬，这是令他们十分自豪的事情。得知自己的得意之处竟然是假的，孩子当然会分外生气。所以，父母不能"莫须有"地乱表扬，而要有真凭实据，发自内心地对孩子进行赞美。

第二，即使孩子犯了错，真的应该接受批评，也要尽量变换一种表达方式。同样一个意思，用不同的方式说出来，收到的效果往往大相径庭。比如孩子做错了事，你可以委婉地告诉他："你再想一想，这样做，对吗？是不是还有更好的方法呢？"又如，孩子画了一张看上去非常粗糙的画，但他自己却很得意，满怀希望地以为能得到你的夸奖。这时，如果你对他的画不屑一顾，说"你画的是什么呀，看上去乱七八糟的"之类的话，孩子的情绪肯定会一落千丈，再也不想拿起画笔了。但是，如果你把孩子的画拿来仔细地看一看，猜猜孩子画的是什么，让孩子讲一讲自己的得意之处，表现出很感兴趣或恍然大悟的样子，并告诉孩子，"你画得真不错，真有想象力，如果把这个地方稍微改一改就更好了"，孩子这时多半会很高兴，并且会很愿意按照你的建议进行修改。

第三，杜绝呵斥和行为暴力。如果孩子的行为真的很令人气愤，或者孩子非常无礼地顶撞了你，使你很想大骂他一番，或者动手教训他一下。这时，千万不要动手，先试着做几次深呼吸，把自己的情绪稳定下来。因为在愤怒时做出的决定，最后往往会令我们后悔。平静之后，你会想到暴力给孩子带来的身体和心理伤害，继而再考虑用一种平和的、孩子能够接受的方式来让他改正自己的行为。

父母小贴士

"人性化"是这个时代的一大趋势，人性化的公司受员工的喜爱，人性化的商品受消费者的青睐。同样，对于孩子来说，他们也需要"人性化"的父母。没有一个孩子愿意在斥骂和拳头下长大，他们渴望父母与他们讲道理、渴望父母的温柔，这是毋庸置疑的。

第八章

因势利导，让孩子打心眼儿里爱上学习

在韩国人人皆知的哈佛博士、学习研究专家李昌烈曾说："真正决定孩子未来几十年的，是孩子的学习力。而这些学习力，又构成了孩子立足社会所不可缺少的竞争力。"学习力，不单是指孩子的学习成绩、学习效果，更重要的是指孩子学习的能力。相信天下所有的父母也都认识到了学习力对于一个孩子的重要性，因此在学习上为孩子操碎了心。但孩子在学习上的一系列问题往往很让父母头疼，比如：没有正确的学习方法，没有上进心，精力不集中，学得慢……其实，学习力的问题，跟孩子的心理状况有很大的联系，只要父母能够找到背后的心理因素，就能找到解决问题的方法。

1. 用"椰壳效应"克服孩子的厌学心理

有一个孩子总不好好吃饭，苦恼的父母用了多种方法也不见效。一天，父亲带回一只新颖别致的椰壳，把它锯开来盛饭。没想到孩子抢过"椰碗"吃得有滋有味，食欲和食量大增。用椰壳盛饭给孩子吃，仅仅是变了下形式，但孩子吃起来味道与感觉就是不一样！这种现象，被人们称之为"椰壳效应"。

用椰壳当碗，为什么就能立刻改善孩子不爱吃饭的情况呢？这是因为椰壳抓住了孩子的眼睛和心思，令他产生了兴趣，当然吃饭也就不那么难了。

令很多父母头疼的孩子厌学问题，其实也可以用类似的方法来解决。生活中有些孩子不喜欢上学，听到"学习"两个字就觉得烦，其实跟厌食的原因是差不多的，都是对面对的东西没有兴趣，同时又在外界的长期逼迫之下产生了抗拒的心理。这时的解决办法，是应用"椰壳效应"，让孩子摆脱厌烦心理，爱上学习。

妍妍是一个二年级的小学生。最近，妈妈发现妍妍有些不爱学习了，回到家之后，总是先把作业扔到一边，看会儿动画片、找楼下的小朋友玩一会儿，才开始磨磨蹭蹭地写作业，并且常常边写边玩，总是要到夜里 10 点多钟才能写完。后来，爸爸觉得妍妍这样下去不行，就和她谈了一次话，但效果却不太好。

这天，眼看都快 10 点半了，妍妍还在边写作业边玩，爸爸有点儿生气，正打算训斥妍妍，妈妈拦住了他，她走上前对妍妍说："妍妍，妈妈今天听了一个非常好听的故事，想把它讲给你听。但是这个故事太长了，妍妍得赶快把作业做好，不然这个故事就得拖到明天才能讲了。"妍妍听了，眼睛一亮，立刻开始集中精力做作业。果然，没过多久，妍妍就又快又好地做完了作业。

用一种孩子能够接受的方式，或者他喜欢的方式，让孩子主动地、快速地完成学习，这就是"椰壳效应"给父母们的启示。

激发孩子对学习的兴趣，消除孩子的厌学情绪，以下几种是不错的方法：

第一，孩子不喜欢学习，多半都是因为觉得学习是一件枯燥无味的事情，他们从中感觉不到任何乐趣。这时，父母可以为孩子创设一些有趣的学习情境，设计一些游戏，让孩子对学习产生兴趣。

珠珠今年9岁，上小学三年级。妈妈发现，珠珠的英语和数学成绩还可以，但语文却不怎么样，好几次都只考了70多分。妈妈有些着急：小学语文成绩不好，打不下好的基础，将来岂不是会更糟。但无论妈妈怎么跟珠珠沟通，她都一副对语文没什么兴趣的样子，每次读课文、背生词时，都像是睡着了一样没精神。妈妈觉得这样下去不行，于是就想了一个让珠珠爱上语文的办法。

这天晚上，妈妈对珠珠说："珠珠，咱们闲着也是闲着，来玩会儿'成语接龙'怎么样？"珠珠答应了。开始，珠珠只是应付着跟妈妈玩，但当她接不上来的时候，看着妈妈那副"得意"的神情，就开始急切地想要赢了；有时，妈妈说一个她不懂的成语，她也很想知道那是什么意思，但又不能立刻详细地去问。这天的比赛，珠珠惨败。比赛一结束，珠珠就立刻拿出成语词典，翻看妈妈说出的那几个自己听不懂的词，并试着查找自己没接上来的有没有答案。妈妈看这一招有了效果，就每天晚上和珠珠比一会儿，有时是比成语接龙，有时只比接词语。听着妈妈解释那些意义巧妙的词语，珠珠逐渐对语文产生了兴趣。很快，她的语文成绩就有了不小的进步。

让孩子对讨厌的学科产生兴趣，最好的方法就是将这一学科与游戏联系起来，寓教于乐。除了例子里说的"成语接龙"之外，讲故事、造句比赛，也是不错的提高孩子对语文的兴趣的方法。另外，如果孩子讨厌学数学，父母不妨多和孩子进行一些算数竞赛，想一些有趣的题目来达到让孩子做算术题的目的。如果孩子不喜欢学习英语，那么不妨给孩子买一些简单的英语故事书，每天晚上讲给孩子听，顺便将一些好玩的单词、有趣的美国文化一并讲给孩子听，相信几次下来孩子就会产生兴趣。

第二，如果孩子厌烦了枯燥的书本和课堂，父母可以多带孩子到博物馆、展厅去参观，或者带孩子参加一些相应的社会活动、外出旅游，让孩子在课外的活动中放松心情，体验学习知识的乐趣。

齐齐今年上六年级，眼看就要小学毕业了，妈妈却发现他最近的学习状况不怎么好，回到家做作业时总是心不在焉的。妈妈向老师打听他在学校的情况，老师也反映齐齐有时上课会走神。妈妈想，这是个关键时期，齐齐的学习可不能出什么岔子。于是，她跟齐齐认真地谈了一次，发现齐齐并没有什么特殊情况，只不过对日复一日的学校生活产生了一些厌烦，甚至觉得在学校学的东西好像没多大用处。

妈妈想，这看似没有大问题的状况，却可能给齐齐带来很大的负面影响。她和齐齐爸爸商量了很久，决定带齐齐出去露营一晚，让他放松一下心情。

露营的这一天，齐齐的精神状态果然不一样，他跑前跑后帮忙搭帐篷，弄好帐篷之后，又帮忙摆烤肉用的炉子。一切弄好之后，齐齐和爸爸、妈妈一块开心地烤着肉，妈妈问齐齐："齐齐，你弄的帐篷和炉子真不错，是从哪学的呢？"齐齐说："我们上数学课的时候，老师告诉我们三角形是很稳定的结构，所以我把帐篷的支架都搭成了三角形；上自然课的时候，老师说野外的地面会很潮，所以我铺了两层防潮垫……"齐齐喋喋不休地介绍着。妈妈和爸爸不由得笑了起来："孩子，你真棒！不过，现在你能理解上学的意义了吗？你看，你学到了好多能在生活中用到的知识！"齐齐想了一下，这才恍然大悟。

如果说书本和课堂是正统的教育，能让孩子学到系统的知识，那么必要的室外活动就是孩子应用自己的知识的最佳场合。这不仅能让孩子体会到知识的重要性，还能让孩子的心情在娱乐中放松。可见，父母带孩子进行必要的室外游玩，也是对孩子学习的一种帮助，是改善孩子厌学情绪的很好的方式。

父母小贴士

兴趣是孩子最好的老师。那些科学界、技术领域的知名人士，其成功都少不了兴趣的支持。兴趣是支持一个人不断学习的原动力，没有兴趣，一切学习都像是"填鸭"，达不到好的效果。所以，父母与其将重点放在对孩子成绩的考查上，不如放在对孩子学习兴趣的培养上。

2. 培养孩子主动埋头学习的动机

如果说兴趣是一个人学习的原动力的话，那么什么是他努力的直接动机呢？是目标，并且是近期的、容易实现的目标。一位著名的心理学家就曾指出：人的积极性不仅仅来源于他所要实现的目标的价值，更取决于实现目标的概率。也就是说，越是认为一件事情完成的概率大，人们就越容易实现目标。

天下的父母都希望自己的孩子是最优秀的，因此常常会对孩子提出比较高的要求。比如"最好能得年级第一"，"最差也要班里前三名"，

"下次争取考满分"，等等。父母有这样的期望当然是好的，但给孩子设立这么高的目标，并不是在给孩子增加动力，反而是在打击孩子的积极性。这是因为，如果学习目标远远超出了孩子的能力范围，就很可能会导致孩子不断冲击目标却又不断失败，这对孩子来说无疑是沉重的打击，当然也就在无形中扼杀了孩子的学习兴趣和自信心。

在一般情况下，人们都不愿接受一个过高、过难的任务，因为这种任务既费时费力，又难以成功。相反，人们却乐于接受一些难度较低的、容易完成的任务，而且，在完成了较容易的任务之后，人们也能慢慢地接受较难的挑战了。这种现象在心理学上被称作"登门槛效应"。

灿灿的老师发现，原本活泼可爱的灿灿，最近愁眉苦脸的，上课的时候好像很认真，但又经常走神；好像对自己的成绩很在乎，但每次成绩下来却又不那么理想。为了弄清楚灿灿变化的原因，老师找她谈了一次话。原来，灿灿的妈妈很不满意她处于班里中游的成绩，要求她这次考试必须每门功课都达到 90 分以上，否则暑假时爸爸妈妈去海边旅游，她就只能待在家里。妈妈的这个决定把灿灿吓坏了，但她又对自己没有太大的信心，觉得自己无法达到妈妈的要求，因此变得精神恍惚，每天在担惊受怕中度过，但成绩却丝毫没有起色。

聪明的妈妈不会给孩子一次性设立一个很高的目标，而是每次都给孩子设立一个比较容易的任务，待任务完成之后，再给孩子提出进一步的要求。这样，不仅能使孩子产生较强的学习动机，还能使孩子在不断的进步中找到自信。如此一来，孩子就能在学习上形成一个良性循环，不断朝着更高处迈进。

给孩子设定一个较低的门槛，父母可以这么做：

当孩子的成绩需要提升的时候，父母可以对孩子说："先赶上你前面的那个同学。"或者说："咱们下次争取比这次高 5 分，好吗？"这样的目标是触手可及的，只要孩子努努力就能达到，因此能让孩子产生努力的动力，但又不会丧失自信心。

今天是蕾蕾发成绩单的日子，妈妈在家里烧了一桌子她最爱吃的菜。

谁知蕾蕾进门的时候，垂着脑袋，一副犯了错的样子。妈妈还没开口问，蕾蕾就先说道："妈妈，我辜负了你的希望，我这次数学测验才考了66分。妈妈，你是不是觉得今天的菜不应该做？"妈妈听了，有些心疼，立刻对蕾蕾说："当然不是。妈妈今天做菜，并不是说只有你考好了才让你吃，前段时间准备考试很辛苦，妈妈是为了犒劳你。不管你考得好不好，只要你努力了就好。"虽然妈妈这么说，但蕾蕾看着自己66分的卷子，还是很不开心。妈妈又说："妈妈知道，蕾蕾也想考一个好成绩。这样吧，下一次，蕾蕾争取考到71分，我们只要求这5分的进步，好吗？谁也不是天生就会做题的，只要我们努力了，有进步，就是最好的成绩。你说对吗？"蕾蕾的眼睛里似乎看见了希望，她说："妈妈，进步5分我是有信心的！您下次就等着看我的成绩吧！"

果然，蕾蕾在接下来的日子里变得很努力，上课听讲更认真了，晚上回家做作业也更积极了，不会的问题还会主动问妈妈。期末考试的时候，蕾蕾拿了75的成绩，超过了原定计划4分。蕾蕾和妈妈都高兴极了。

当孩子真的达成了父母设定的目标之后，即使它再"小"、再"低"，父母也一定要及时奖励或表扬。这代表着对孩子进步的肯定，孩子受到了外界正面的刺激，下一次会更加愿意付出努力。

阳阳是一个很胆小的孩子，他上小学已经三年了，还是不敢站在讲台上说话，就连平时上课发言也很羞怯。为了让阳阳克服这个障碍，妈妈专门给阳阳报了一个"小小志愿者"的社团，这个社团每周都会有组织者带着孩子们到敬老院去陪老人玩耍，或者到一些贫困家庭中和那些令人同情的孩子交朋友。妈妈刚带阳阳参加这个社团的时候，给阳阳定了一个目标，一个月之内，只要结交一个小朋友就可以了。阳阳趁着刚参加社团的热情，鼓起勇气和一个单亲家庭的孩子建立了亲密的友谊，两个人还经常通电话。妈妈高兴极了，立刻表示了对阳阳的赞赏，还由衷地说："阳阳，说实话，妈妈很佩服你呢！妈妈像你这么大的时候，可能还没有你勇敢！你真棒！继续努力好吗？"阳阳的自信心得到了极大的提升，从那之后变得胆大了很多、开朗了很多。

当然，父母也要注意，给孩子设立目标要留有余地。父母在制定目标时，应充分考虑孩子的身体和心理承受能力，目标不但要在孩子能够承受的范围内，还要留有一定的余地。例如，如果孩子这次考试只考了40分，你即使给孩子定了一个60分的及格目标，可能对于他来说也是困难的。也就是说，这个目标与孩子的原来水平，不能有太大的差距。目标设定得低一些，可以让孩子通过自身努力轻松达到，在不知不觉中跨越一道道"门槛"，然后信心百倍地去迎接新的挑战，从而一步步走向成功。

另外，在制定目标的时候，父母也可以让孩子参与进来，让他根据自身的能力为自己量身打造一个目标，这样孩子有更大的决定权，他的积极性也会更大一些。如果孩子的目标没有达到，父母也不要失望，更不要责怪孩子，只有时刻保护孩子的自信心，他才有向上奋发、脱离低谷的可能。

父母小贴士

给孩子设立一个较低的目标，就像是在给高楼大厦打第一个台阶，没有一个一个看似不起眼的台阶，大厦是不可能建立起来的。孩子的学习也是同样的道理，没有一分一分的累积，孩子是不可能得到满分、拿到第一名的。父母的任务，就是给孩子设立适合他的台阶，鼓励他通过自己的努力一层一层攀登上去。

3. 用积极的心理暗示给孩子的学习助力

美国心理学家詹姆斯说："人类生来拥有的是崭新的生命，与生俱来有赢得胜利的条件，人人各有其独特的潜力——才能与先天限制。他们皆可用自己的天赋条件成为一个杰出的、有思考能力、有觉察能力和有创造能力的人——强者。"但实际上，为什么真正成为强者的人少之又少呢？这是因为，很多父母和老师没有给予孩子足够的、积极的鼓励，导致他们的才能最终被埋没了。

父母都希望自己的孩子成为同龄人中的佼佼者，能成为人中龙凤自然更好。但并不是所有父母都懂得自身在孩子的成长中的巨大作用——只有不断给孩子正向鼓励、以积极的态度对待孩子，他们才有可能成为对社会有用的人才；如果父母只会提要求，而不懂得给孩子积极的暗示，那么孩子只会感觉到巨大的压力，而找不到成功应具备的自信，这时他们反而可能因为压力而朝着相反的方向发展，比如厌学、自暴自弃等。

罗森塔尔是 20 世纪美国著名的心理学家，1966 年，他做了一项实验，研究教师的期望对学生成绩的影响。

这天，罗森塔尔和助手来到一所小学，声称要进行一个"未来发展趋势"测验。测验结束后，他们将一份"最有发展前途者"的名单交给了校长和相关的老师，叮嘱他们务必保密，以免影响实验的正确性。其实，他们撒了一个"权威性谎言"，因为名单上的学生是随机挑选的。

8 个月后，奇迹出现了。凡是上了名单的学生，成绩都有了较大的进步，而且各方面都表现得很优秀。这部分学生的成绩有了明显的提高，并且表现出了更强的学习能力和求知欲。

显然，罗森塔尔的"权威性谎言"发生了作用，因为这个谎言对老师产生了暗示，老师相信专家的结论，相信名单中的那些孩子很有前途，于是对他们寄予了更高的期望，投入了更多的热情，加倍地信任他们、鼓励他们。这份名单左右了老师对学生能力的评价，而老师又将自己的这一心理活动通过自己的情感、语言和行为传递给学生，使他们强烈地感受到了来自老师的关爱和期望，学生的自信心由此得到增强，因而比其他学生更努力，进步得更快。

这个心理学上非常著名的"罗森塔尔效应"，其实向我们传达了两个信息，第一是孩子如果能从别人的暗示中，得到"自己很优秀"的信息，那么他们也会将自己当作一个优秀的人，从而在各个方面都表现出自信，同时也更加要强，要求自己要做到更好，如此一来，他们身上的潜能就会被挖掘出来，成功的可能性也会大大增强；第二则是对暗示发出者的要求，也就是他们自己首先必须要发自内心地相信，孩子才能得到最真实的反馈，才能完全说服自己相信他们的暗示。

为什么暗示能对孩子产生这么大的影响呢？这是因为，孩子的心智尚未成熟，心理控制能力较弱，受暗示性较强，很容易被周围大人的期望所左右，也很容易相信周围人对自己的评价。如果父母总是说自己的孩子很能干、很善于思考，那么他就会在这种暗示下，变得越来越能干、越来越喜欢思考。如果父母整天挑孩子的毛病，总把孩子的缺点拿出来议论，那么孩子心中就会产生一种错觉："我这不好、那也不好，父母一定不喜欢我。"而一旦对自己有了如此定位的孩子，还能有多大的成就呢？

爱因斯坦小的时候，是一个被人看不起的学生。在爱因斯坦小学毕业时，他的校长对他父亲说："您的孩子，将来从事什么职业都一样没出息。"

有一次，爱因斯坦的母亲带他到郊外玩。亲友家的孩子一个个活蹦乱跳的，有的爬山，有的游泳，唯有爱因斯坦默默地坐在湖边，凝视着湖面。这时，亲友们悄悄地走到他母亲身边，不安地问道："小爱因斯坦为什么总是一个人对着湖面发呆？是不是有点儿抑郁啊？应该趁早带他到医院看看！"爱因斯坦的母亲十分自信地对他们讲："我的儿子没有任何毛病，你们不了解，他不是在发呆，而是在沉思、在想问题，他将来一定是一位了不起的大学教授！"

从此，爱因斯坦时常拿妈妈的话来审视和鞭策自己，并不断地自我暗示：我是独一无二的！我会做得更好！这或许就是爱因斯坦之所以成为伟大的科学家的原因之一。

利用"罗森塔尔效应"给孩子积极的暗示时，父母还可以从下面几个方面辅助该效应发挥作用。

孩子做得好时，要及时给予鼓励。当孩子在积极的暗示下取得进步时，哪怕只是一丁点儿的改善，父母也要认真、自然地对他进行鼓励和表扬。这种事后的肯定，会让孩子之前受到的暗示更加巩固和强化，孩子进一步努力的愿望也会更强。

如果孩子比较调皮，单纯"暗示"的"剂量"比较轻，那么父母可以用一些激将式的暗示。比如，孩子这次成绩没有考好，妈妈可以说："听说你们班特别爱玩的小宁都考了 90 分，我想你这次一定是失误了，才会比他考得低，否则你一定比他考得好！"妈妈这样一说，孩子就会得到这样的暗示：我在别人眼中是比小宁强的。下一次考试的时候，孩子自然会加倍用功，争取考过小宁，考出自己的"正常水平"。

"罗森塔尔效应"还有一个好处，那就是在孩子说谎话的时候，可以通过暗示来让孩子改正——这比直接拆穿孩子的效果要好很多。比如，发觉孩子没说实话的时候，父母可以这样说："你刚才说得很好，不过我觉得你好像还没讲完，你再想想，是不是还有什么没告诉我？"切记不要直接斥责孩子"你撒谎""你骗人"，这样会损伤孩子的自尊心，使他更不愿意对你敞开心扉。

父母应该记住，无论何时，利用这一效应，父母传达的都应是首肯的信息，即希望孩子做什么，而不是不希望他做什么。孩子面临挑战时，父母鼓励的语言能促使他积极地行动，战胜困难而获取成功。

父母小贴士

　　每个孩子都像一座火山，他们日后成就的高低，就取决于这座火山是否能喷发出来，而"罗森塔尔效应"，就是一个提倡通过积极的暗示，将孩子的内在潜能都激发出来的好的教育方法。作为父母，在了解这一效应之后，就应在教育孩子时给予其正向的刺激，给予其肯定，让孩子发挥自身的优势。

4. 爱孩子应该胜过爱分数

学生之间曾经流传着这样两句有趣的话："分，分，学生的命根；考，考，老师的法宝。"似乎对于学生来说，成绩就是天大的事情，自己必须获得好成绩、必须名列前茅，才有资格成为一个好学生，才经得起老师的考验，才对得起父母的付出，才能在社会上有所成就。但实际情况是这样吗？

先来看一些名人的经历：爱因斯坦和比尔·盖茨上学的时候都不是出类拔萃的学生，他们在读书时期，成绩并不好，可是后来却分别成为出类拔萃的科学家和企业家；牛顿、爱迪生、拜伦、巴尔扎克、雨果、黑格尔、华罗庚，这些名人小时候甚至都曾因学习成绩差而被他们的老师评价为"差生""笨蛋""劣等生"，但长大后他们都为社会做出了巨大的贡献……

成绩很差劲，长大后却还能成为出色的企业家、著名学者、科学家，这是为什么呢？心理学上有一个著名的"第十名效应"，可以给我们合理的解释。

1989 年，杭州市天长小学的周武老师受邀参加一次往届毕业生的聚会。令他大吃一惊的是，那些担任副教授、经理的学生，在小学时成绩并非十分出色；相反，当年那些成绩突出的好学生，长大后却成就一般。

这个现象引起了周武的好奇心，他开始关注毕业班的学生。经过 10 年时间对 151 位学生的追踪调查后，周武发现，学生的成长是一个动态的过程。在这种动态变化中，小学生随着就读年级的升高，会出现成绩名次波动的现象：小学时主科成绩在班级前 5 名的学生，进入中学后名次后移的比例为 43%；相反，小学时排在第六名到第十五名的学生，进入中学后，名次往前移的比例竟为 81.2%。

很多老教师也都有这样的经验：那些在中小学里被老师看重的优等生，在进入大学或参加工作后，并没能保持优势，也没能取得突出的成就。相反，往往排在班里十名左右甚至更靠后的学生却能爆发出令人意想不到的巨大潜力，他们在大学时期脱颖而出，在工作岗位上也是建树颇丰。这种后来居上的现象便是"第十名效应"。

导致这种现象发生的原因是什么呢？我们仔细分析一下就能得出答案：

首先，那些过于追求以分数取胜的学生，他们的知识面往往过于狭窄。虽然他们对书本研究得很透彻，考试成绩很优秀，但平时很少接触课本以外的知识。而排在十名左右，甚至十名以后的学生，本身没有太大的学习压力，能够留出一定的空闲时间，来翻阅课本以外的书籍，学到更完整、更丰富的知识。

其次，过于追求分数的学生，大部分时间都将自己关在教室里学习，因而很少有时间去参加体育运动，这样不仅会导致身体孱弱，不懂得"劳逸结合"的学习模式也容易使他们变成"书呆子"，身体和思维并不那么活跃。而排在十名左右的学生，一般在校期间比较活跃，喜欢参加各种体育活动和课外拓展，进入社会后也能承担繁重、复杂的工作。

再次，一味追求第一名、第二名的人往往缺乏个性。他们为了追求好成绩，花去了所有的时间，很多活动都不参加，本来具备的一些特长也没时间发展。而那些"第十名"的孩子，往往喜欢、也有时间参加一些文艺活动、体育活动，各方面能力相对较强，使得他们在走上工作岗位后往往有更充沛的精力，以及更大的影响力。

最后，那些在学校经常顶着第一名、第二名光环的人，在进入社会之后心理可能不够坚强，经不起挫折、失败；而第十名左右的人不在乎名次，其抗干扰、抗挫折的能力以及承受能力都比较强。这也就无形中降低了"尖子生"成功的概率，增加了"第十名"左右的学生成功的可能。

分析到这里，我们已经可以看出，在求学时期，只追求高分忽视其他方面发展是没必要的，甚至是不可取的。而在现实生活中，很多父母依然信奉"高分法则"，觉得孩子只有在学校表现得优秀，将来走上社会才能优秀。怀有这种想法的父母，应该重新审视自己的观点了。

壮壮捧着考了92分的卷子回家，一路上非常忐忑：他知道，自己没能考到95分以上，没能拿到第一，回家一定会挨批的。

果不其然，壮壮刚走进家门，妈妈就立刻迎上来："壮壮，怎么样？卷子发了吧？考得不错吧？满分了吗？"壮壮心里一冷，知道今天是躲不过挨骂了，干脆直接把卷子递给了妈妈。爸爸也立刻围了上来。看完试卷之后，爸爸和妈妈的脸色都由期待转为了恼怒，爸爸的声音响得像打雷似的："不是告诉你了吗？小学每一科考试必须拿到95分以上、接近满分，你才勉强算是一个好学生。连95分都考不到，以后这样的试卷不要给我们看了！"说完，就把卷子扔到了沙发上，壮壮既害怕又伤心，捡起卷子，默不作声地回自己的房间了。从那以后，壮壮再也没有出去玩过，也很少跟父母沟通。一个学期后，他的确考了满分，爸爸妈妈都很高兴，但壮壮却连一点儿孩子的活力都没有了。

很多父母都像例子里壮壮的爸妈一样，在乎的是孩子的考试结果，而不管孩子学习的过程是否快乐。平时对孩子爱护有加，一旦孩子学习成绩有闪失就立刻暴跳如雷，甚至惩罚孩子，这使得孩子将不快乐的体验与学习相联系，导致孩子对学习的兴趣锐减，把学习只当作满足父母要求的一件事。

这就告诉所有的父母，要用平和的心态面对孩子的成绩。成绩是对孩子上一个阶段学习成果的检测，父母不妨以学习成绩为依据，了解孩子的学习状况，帮助孩子找到进步的方向。不要以分数来评判孩子该受到奖励还是惩罚，更不要因为孩子成绩不够理想，就将孩子全盘否定。要知道，只有父母对孩子有信心，孩子才能对自己有信心。

父母小贴士

一个人要想成功和成才，起决定作用的是他的全面素质，即品德、知识、能力、身心健康等，这些因素是缺一不可的。只注重孩子成绩的父母，就像是在强制孩子进行不平衡的成长，这种压力下成长起来的孩子，性情和能力必定都会有缺陷和不足。所以，为了孩子的长远发展，父母千万不能只看重孩子的学习成绩，而应培养孩子全面发展。

5. "感官协同效应"助力孩子提高学习效率

宋代大学者朱熹发明了一种独特的读书法，叫作"三到"读书法。他说："读书有三到，谓心到、眼到、口到。心不在此，则眼不看仔细，心眼既不专一，却只漫浪诵读，决不能记，记亦不能久也。三到之中，心到最急。心既到矣，眼口岂不到乎？"朱熹的这个理论被后代的许多文人奉为圭臬。它之所以有效，就是因为它包含了两种感官的协同作用——视觉和听觉。

所谓的"感官协同效应"，是心理学上一个著名的理论，指参与收集信息的感官越多，信息就越丰富，所学的知识也就越扎实。也就是说，多种感觉器官一齐上阵参与记忆，多种感官协同活动，能够提高感知的效果。

这个效应并不是"空穴来风"，而是有一定科学依据的。科学研究发现，人从听觉获得的知识，能够记住 15%；从视觉获得的知识，能够记住 25%。但是如果把听觉和视觉结合起来，就能记住 65% 的知识。

为了证明这个效应的正确性，美国心理学家格斯塔做过这样一个实验：他把智商相近的 10 个学生平均分为两组，第一组的屋里只有 5 张椅子和 5 本书，第二组的屋里除 5 本书之外，还有几本和这本书相关故事画集，并播放音乐，然后要求两组被试者都背诵这本书。结果发现：第二组成绩远优于第一组。这是因为第二组学习这本书时使用的感官比较多。

这实际上给孩子们提供了一个很好的学习方法。平时，很多父母可能不喜欢让孩子做题的时候发出声音，或者在念书的时候用手指着读，他们觉得孩子嘴里絮絮叨叨地会影响做题的速度，或者觉得孩子会因此而降低效率。其实这就大错特错了。孩子不管是看书，还是做题，如果能将口、眼、手同时用上，将会大大提高孩子的学习效率，并能达到集中注意力的效果——因为他们将自己所有的感官都放在了题目上、书本上。所以，如果父母能够在督促孩子学习的时候，特意告诉他手、耳、眼、口并用的好处，并鼓励他这样做，那么孩子的学习效率就会有大幅度的提升。

雯雯上二年级了，她学习很用功，每天回家之后都会先把老师布置的作业做好，然后抱着语文课本读一会儿——她很喜欢读课本里的课文和古诗，有时还会提前把简单的古诗背下来。不过，雯雯有一个习惯，就是在读课文的时候，喜欢用小手指着读，指到哪一行就读到哪一行，非常准确。

后来，妈妈发现了雯雯的这个习惯，就问她为什么要这样做，雯雯回答说："这样看得更准。"妈妈却说："哪有人是用手指着读的？这样读得慢。你还是不要指了吧。还有，记得妈妈教你的要淑女一些吗？淑女读书是不出声音的。等你到课堂上，老师让你出声读的时候，你再出声读。"雯雯是个很乖的孩子，立刻就照妈妈说的做了。但是，她却不如以前精力集中了，不光读书的时候总是串行，还老想着放下书去做别的事情。再后来，如果不是老师布置的作业，雯雯干脆不再读书了。

单纯用眼睛看、在心里默念，这样的效率当然比不上大声读出来，最终的记忆效果也是后者更好。很多父母像雯雯的妈妈一样，没有领悟到感官协同并用带来的好处，所以误导了孩子，这是很可惜的。

现在许多老师在教学中也懂得运用"感官协同效应"。比如，小学生对多位数除法的算理很难理解，老师就让学生用小棒分一分，边看、边想、边说。在几何教学中，为了培养学生的空间想象力，就让学生尝试动手操作，去摸、折、围、剪、拼、搭用纸做的几何图形，然后再用语言表达，在脑中想象。

另外，几乎所有的学校都会安排专门的时间，让孩子体验感官协同的妙处。比如，每个学校都有"早读"时间，就是让孩子们在早上精神最好、记忆力最佳的时候，大声朗读语文课文和英语课文，让孩子达到最佳的理解和记忆效果。

再有，很多孩子都会有这样的感觉：上课时老师所讲的内容都能很快理解，并且记忆起来很快、做题的效率也高，但下课自己做作业时，就会发现那些效率远远不及上课的时候。很多人把这归结为"上课时学习气氛浓郁"，其实这不是主要原因。最主要的原因，还是孩子在上课的时候是边听老师讲、边看老师在黑板上演示、边动脑子思考、边用手做笔记，所有的感官都调动了起来，效率当然非同一般。而下课的时候，只有自己，所动的只有脑子和眼睛而已，效果当然不能与上课时相提并论。

墨墨上小学已经有一年了，但学习成绩始终处于下游，有时排名还会在最后五名之内。妈妈虽然不苛求墨墨能够考到班里前几名，但这样的成绩也着实令她担心。妈妈多次问墨墨："为什么你每天回来也按时写作业，老师也说你上课认真听讲，但成绩还是这么不好呢？"墨墨总是怯怯地回答："妈妈，我也不知道。我上课好多都能听懂，但下课自己做就不好了。"

无奈之下，妈妈就这个问题跟老师交流了一下。老师告诉她，墨墨的问题应该就是出在"上课有人带、下课没人管"上了。上课时老师的讲解和指导，能够让墨墨调动所有的感官来学习，效率就高；而下课之后，墨墨的自理能力可能差一些，再加上没人带，她自然就不能"无师自通"了。所以，老师给妈妈的建议是给墨墨请一段时期的家教，对她进行一对一的辅导，等墨墨逐渐掌握学习的窍门之后，她就可以独立学习了。妈妈回家之后，立刻给墨墨请了一个家教。果然，墨墨的学习状态好了很多，渐渐摸到了门路。

其实，不光是学习课本上的知识，学习其他技能的时候，这个效应也同样能够发挥作用。比如，学习游泳，可以通过听讲、读书、看图、看电影、看电视等多种途径，获得游泳的知识。此外，一定要下水去实践。这样视觉、听觉、触觉各种感受综合起来，就能够很快地学会游泳的技能。可见，这一效应对孩子的帮助是很大的，父母要正确地指导孩子，不要让孩子走了冤枉路。

父母小贴士

孩子们接受着一样的教育，就好比在同一起跑线上开始的比赛。所不同的是，有的孩子懂得将自己的感官全部调动起来学习，那就相当于在比赛时乘坐了一辆汽车；而只是用一两种感官来学习的孩子，就像仅凭自己的双腿在跑步一样，最终当然会输给别人。

6. 掌握遗忘曲线规律，让孩子"记忆犹新"

影响孩子学习成绩的最关键因素是什么呢？相信在所有答案中，都会出现"记忆力"这一项。的确，孩子所要掌握、考试所考的知识中，有很大一部分是纯记忆性的，而另外一部分需要理解的知识，也必须建立在一定的记忆基础之上。由此可见，记忆力对于孩子学习效果和学习成绩的重要性。

记忆力对于一个学生来说是无比重要的，我们常见很多学子，都在为了记住更多的知识而埋头苦读、掩耳苦背。但是，很多东西孩子觉得当时记住了，转眼却又忘记，以至于给孩子的学习造成了很大的障碍。为什么会出现这种情况呢？这是因为，记忆力也是有"脾气"的，它需要你不断地去"拜访"它，如果你不反复为之，它就会将原本已经储存下来的东西丢掉。这就是著名的"遗忘曲线规律"。

德国心理学家艾宾浩斯研究发现，遗忘在学习之后立即开始，而且遗忘的进程并不是均衡的。根据他的实验结果绘成的描述遗忘进程的曲线，就是"艾宾浩斯遗忘曲线"。

曾有人做过这样一个实验：两组学生学习同一篇课文，甲组在学习后不久进行一次复习，乙组不予复习。一天后甲组对课文记忆保持 98%，乙组保持 56%；一周后甲组保持 83%，乙组保持 33%。乙组的遗忘平均值比甲组高。

这个实验表明，在学习中遗忘是有规律的。遗忘的进程不是均衡的，在记忆的最初阶段，遗忘的速度最快，后来就逐渐减慢，到了相当长的时间后，几乎就不再遗忘了，这就是遗忘的发展规律，即"先快后慢"原则。根据遗忘规律我们可以知道，如果孩子学的知识不在一天后抓紧复习，就会所剩无几。

举例来说，假如你第一天背了 50 个单词，不管你记得多么深刻，第二天一定要再去背一遍。否则，你就会遗忘其中的一部分。而当你有过两次记忆过程之后，就无须再每天背，但要在隔两天之后再去温习一次，否则还是会忘掉一部分。而下一次温习，则可以再把时间拉长一些，比如一周后再背一遍……当你这样反复背数次之后，那么即使你长久不回顾这些单词，遗忘率也会很低。这说明它们已经基本固定在你的脑海中，成为你记忆的一部分。

父母了解了遗忘曲线规律之后，就要有计划地指导孩子进行记忆，让孩子能够以更高的效率记住更多的东西。

由于爸爸工作调动，丛丛和妈妈跟着爸爸来到了另外一个城市，丛丛转到了当地的一所学校。上了一周课之后，丛丛发现这个学校其他的都还好，就是英语课进度比自己原来学校要快一些，这里的同学掌握的词汇量比自己多很多。丛丛是个要强的小姑娘，她回家将这件事告诉妈妈，说自己不想被落下。

妈妈当然也不想丛丛被落下。她在网络上搜索了很久，找到了一个对孩子的记忆很有帮助的理论——遗忘曲线规律。她决定利用这个规律帮丛丛把落下的单词补回来。

妈妈请丛丛的新老师将现在应该掌握的词汇整理了出来，又让丛丛把自己没背过的挑出来，然后让丛丛在理解的基础上背了一遍。背完一遍之后，丛丛觉得自己没有记牢，想再背一遍，妈妈拦住了："今天你费的脑筋够多了，妈妈觉得还是不要再背了。这样吧，你再照着念一遍吧。"丛丛又念了一遍，加深了点儿记忆。

第二天是周六，妈妈特意按平时上学的时间把丛丛叫起来，让她利用早上宝贵的时间背一遍昨天的单词。果然，丛丛这时已经忘了将近一半。不过这天背完之后，丛丛觉得比昨天记得牢了很多。周日，妈妈又让丛丛背了一遍，这时丛丛觉得自己基本已经记牢了。但是妈妈觉得还不够，接下来的一周，妈妈又隔三岔五地让丛丛背一次。

不到半个月的时间，丛丛比同学们少背的那些单词都背过了，并且比班上很多学得早的同学都记得牢。

初级学习，简单来说就是一个记忆和理解的过程，其中记忆占了大部分的比重。而遗忘曲线规律，其实就是在教孩子们要不断地针对记住的知识进行复习。复习是一种实用的记忆诀窍。记忆是大脑皮层形成暂时神经联系的过程，建立起来的神经通路如果不畅通，原来大脑中保留的痕迹就会逐渐消失，而复习就是对大脑中的痕迹进行再刺激。及时复习就是在第一次痕迹未完全消失时，紧接着进行第二次、第三次重复刺激。重复刺激次数越多，痕迹越深；重复越及时，费时越少，费力越小，记忆效果越好。所以，这就需要父母多督促孩子复习功课，以帮助他们加强记忆。

另外，晚上睡觉前和早上醒来后是两个记忆黄金时段。父母如果能够督促孩子在这两个时间段多记忆东西、复习功课，那么也能达到很好的记忆效果。一般来说，睡前的时间可主要用来复习白天或以前学过的内容，对于 24 小时以内接触过的信息，根据艾宾浩斯遗忘规律可知能保持 34% 的记忆，这时稍加复习便可巩固记忆。又因为不受后面学习的材料对识记和回忆先学习的材料的干扰作用的影响，所以记忆材料易储存，会由短时记忆转入长期记忆。另外，根据研究，睡眠过程中记忆并未停止，大脑会对刚接收的信息进行归纳、整理、编码、储存。所以睡前的这段时间非常宝贵。

早晨起床后，由于不会受前摄抑制（指之前学习过的材料对识记和回忆以后学习的材料的干扰作用）的影响，记忆新内容或复习一遍昨晚复习过的内容，则整个上午都会对那些内容记忆犹新。所以说睡前和醒后这两个时间段千万不要浪费，若能充分利用，可以收到事半功倍的效果。

另外，父母也可以在孩子 7 ～ 12 岁的时候注重培养他的"前瞻性记忆"，也就是人们对即将要做的事情的记忆。心理学家研究发现，7 ～ 12 岁的儿童，前瞻性记忆开始明显增强，并且呈逐年上升的趋势。所以，这个时期，父母可以让孩子每天完成一两件任务，来锻炼他们的记忆力。比如，早上出门前，告诉孩子晚上回来擦一下桌子；或者给孩子打个电话，让他记得在某个时段提醒自己做某件事。

总之，只要父母了解孩子的记忆规律、遗忘规律，细心引导，就能让孩子有一个好的记忆力。

父母小贴士

随着孩子们接触的知识和科目变多，他们会觉得大脑有点儿"应接不暇"，难以将大量的信息都记住。其实，并不是孩子的脑存储量不够大，而是没有用对记忆方法，所以常常导致"记了这个忘那个"，或者"今天记、明天忘"。假如父母能够引导孩子巧妙地利用记忆规律，那么孩子的记忆就能保持"常新"，而不会再常常"忘东忘西"了。

7. "7±2效应"，巧妙的学习模式

以下两组数字，你看过之后，会觉得哪一组更好记呢？

第一组：13832791543

第二组：138、3279、1543

这其实是一个电话号码的两种不同读法。我们会发现，若将它分成几个短的数字组，虽然我们要记好几个部分，但却比记一长串数字要好记得多。这是为什么呢？

先做一个简单的小实验：你先读一行随机数字，如71863945284，然后合上书，按照你所记忆的顺序，尽可能多地默写出来。假如你的短时记忆像一般人那样，你可能能回忆出7个数字，至少能回忆出5个，最多回忆出9个，即7±2个。这个有趣的现象就是神奇的"7±2效应"。

"7±2效应"最早是在19世纪中叶由爱尔兰的一位哲学家观察到的。他发现，如果将一把子弹撒在地板上，人们很难一下子观察到超过7颗

子弹。1887 年，心理学家雅各布斯通过实验发现，对于无序的数字，人们能够回忆出的数量约为 7 个。发现遗忘曲线的艾宾浩斯也发现，人在阅读一次后，可记住约 7 个字母。这个神奇的"7"引起了许多心理学家的研究兴趣。

这个效应给我们的第一个启示是：在短时间内，不要让孩子所记忆的东西超过 9 个。如果超过 9 个，只会使孩子的记忆产生混乱。这就给那些非常操心孩子学习的父母敲了警钟：让孩子学习或者记忆东西，千万不要操之过急，欲速则不达，太多的信息量，反而会给孩子的记忆带来反效果。

一个 8 岁的小女孩，被妈妈要求在一天之内将"九九乘法表"背下来。这个小女孩埋头努力了一天，还是失败了。晚上的时候，妈妈检查，小女孩支支吾吾，只背了 6 句就背不出来了。妈妈非常生气，训斥她道："你怎么这么笨？隔壁的妞妞，比你还小一岁呢，都会背了。给了你一整天时间，你还背不出来，你肯定是偷懒了吧？"

小女孩顿时委屈地哭了："妈妈，我没有偷懒，我好好背了。就是没背出来……"妈妈仍然不相信，让她继续背完才能吃饭。小女孩又害怕、又委屈，只好缩在角落里继续背。她虽然很认真，但直到家人吃完晚饭，她还是没有完全背出来……

其实这个小女孩背不出来是很正常的，"九九乘法表"有 45 个短的模块，而小女孩一次最多只能记住 9 个，以她的年龄来说，这 9 个还要经过反复地背才能记熟，所以根本不可能在一天这么短的时间内全部背熟。想必"妈妈"口中说的邻居 7 岁女孩能背熟，也不是在一天之内背下来的。所以，这位妈妈的做法违背了"7±2 效应"，是非常错误的。

从"7±2 效应"中，我们还可以得到这样一个启示：如果想将一段比较长的内容记住，那么将其分解成几个短的模块，将会比直接记忆要快得多，也记得深刻得多。正如开篇我们说的，将电话号码分开记的例子。

欣欣在背课文的时候，总是觉得自己背得慢、忘得快，于是经常抱怨自己的背诵能力太差，一大篇课文往往会越背越乱，不但前后搞不清楚，而且还会把不相干的两篇文章拼凑起来，简直是一团糟。

欣欣将自己的苦恼告诉妈妈后，妈妈立即咨询了一个儿童教育专家，这位专家教给了她"7±2效应"。从这天开始，妈妈每天下班回到家，第一件事就是帮欣欣背课文。妈妈先是将一篇文章按照段落分成5个部分，然后再通过组合的技巧将各个段落接在一起，就可以记下一篇文章的完整内容了。欣欣先是一部分一部分地背，背熟后再把它们连起来背。按照妈妈的方法，欣欣很快把这篇文章记熟了。之后，欣欣用同样的方法背完了课堂布置的其他需要背诵的课文。

"7±2效应"给我们最直接的启示就是：短时记忆的容量是有限的，不要幻想"一口吃成一个胖子"。只有耐心地对需要背诵的内容进行分析，按照比较容易记忆的方式，将其分为几个较短的部分，分别记忆，最后再串联起来，才是最快将这段内容记住的好方法。

根据"7±2效应"记忆英语单词，也是很有效的。传统方法一般是通过音标来记忆单词的，但是对于儿童来说，他们往往还不懂得系统的音标知识，就要记忆很多英语单词了。这时，对于他们而言，单词就好比一盘散沙，里面的那些字母就是一粒粒沙子，它们之间是无序的、随机的，所以记忆也就成了难事。如果父母能让孩子记忆单词时的组块由一个字母变成几个字母，那么复杂的单词也就会变得相对简单了。

比如，父母可以列出一些单词中经常出现的小模块，像 tion、ing、oo、are、er、ow 等，平时空闲的时候就让孩子记忆，以便让他脑中形成字母模块，从而帮助他更好地记忆单词。虽然一开始孩子可能不懂为什么要记这些没有意义的字母组合，慢慢地，孩子就会特别注意单词中包含的这些模块，比如 cow 就是 c 加 ow，too 就是 t 加 oo，thing 就是 th 加 ing……久而久之，孩子记忆的单词就会逐渐多起来。为什么这样记忆会很快呢？因为这些小模块在英语单词中出现的频率很高，所以孩子记住了它，就让很多单词看似"变短"了、好记了。

事实证明，孩子通过这种方法记忆，不仅提高了当时的记忆力，对于孩子今后长久的记忆、对长词汇的理解和记忆，其实也是很有效的。举个例子来说，对于"首都图书馆"这个名词，孩子在最初接触的时候可能不知道它是什么意思，于是只能机械地将它拆为 5 个字，即"首""都""图""书""馆"；随着孩子认知的增加和对这个词的理解，孩子就会逐渐将其合并为"首都"和"图书馆"，这样孩子无形中又增加了两个词汇量；再过一段时间，孩子可能就会直接说"首都图书馆"。这样一来，孩子其实是从这个模式中得到了一个长久记忆的诀窍。

总而言之，这个神奇的"7±2 效应"告诉父母们一个规律：孩子在记忆的时候，要引导他将记忆的信息组块控制在"7±2"的范围内。

父母小贴士

人的短时记忆就好比一个家庭电表，假如同时开的电器过多，那么只会把保险丝烧断。因此父母在给孩子设定学习目标和计划时，要充分考虑到"7±2 效应"的特点，合理安排学习任务。否则，孩子的记忆就会像出现"超载"的电力一样不堪重负。

8. 孩子学习出现"高原现象"，妈妈别赶鸭子上架

心理学家指出，孩子在接触新知识时，常常会经历几个不同的阶段。开始的时候，孩子学起来可能比较吃力，成绩提高得也不显著；在孩子掌握了一定的学习方法、学习兴趣也开始增加之后，会进步得很快；而正当孩子要"百尺竿头更进一步"时，又有可能会出现一个停滞不前的时期——任孩子怎么努力，成绩都保持在原地不动。

而这个努力学习到一定程度后，成绩仍旧停滞不前，甚至有所倒退的现象，就是学习中常见的"高原现象"。

"高原现象"是一个比喻，它原本是指人到达一定海拔高度后，身体为适应因海拔增高而造成的气压差、含氧量少、空气干燥等的变化，而产生的自然生理反应，包括头痛、气短、胸闷、厌食等。在这里，它是指教育心理学中的动作技能学习曲线的呈现形态。如果以时间为 x 轴，学习效果为 y 轴，将学习者学习时所花的时间和取得的效果连成一条线，我们能从该线条中看出来两点信息：第一，学习者所花时间、精力与学习效果有关系，而且基本呈正相关关系，也就是说，花的时间和精力越多，学习效果就越好；第二，很多时候，时间和学习效果这两者之间的关系，不会呈现规律变化。也就是说，学习者开始学习时，进步快，收效大，曲线斜率也较大；但紧接着会有一段明显的、长短不定的接近水平的波浪线；再往后，又会出现斜率较大的曲线。这条呈现学习效率与所花时间、精力之间关系的曲线，常被比喻为学习的"高原现象"，而中间呈相对水平状态的那段波浪线，常被比喻为学习的"高原时期"。

孩子处在学习的"高原时期"时，就好比人在高海拔经历"高原反应"一样，感觉自己使不上劲，做再多的努力也无济于事。孩子遇到这样的情况，当然会心烦意乱。这时，如果父母再不明就里地催促、鞭策，恐怕孩子的心会更加焦急，继而更难进入良好的学习状态。

李楠原本学习很是得心应手，上个学期，老师也夸奖他进步很快，他得到了夸奖很高兴，学习的劲头更足了。但是现在，李楠却很苦恼，自从升上五年级之后，他觉得自己好像突然不会学习了一样，每天都觉得脑袋里浑浑噩噩的，一片混乱，有点儿像缺氧。他想做点儿什么来转移自己的注意力，但老是静不下心来；踏实学习吧，即使能学进去一些，也起不到什么实际的效果——看不到自己的进步。越是没有成效，李楠觉得自己学起来就越没劲。现在，他连上课也提不起精神，总是不能专心听讲。虽然李楠也总是反复告诫自己：一定要集中精力。但是效果却不怎么样——他觉得自己好像被别人控制了一样。果然，这个学期，李楠的成绩倒退了不少。

拿着成绩单，李楠心里本来就很郁闷，回到家里，妈妈劈头盖脸就是一顿骂："老师才夸你两句，你的尾巴就翘上天了？我今天给老师打了电话，才知道你最近学习都心不在焉的，导致成绩下降了这么多。"李楠勉强解释了一句："妈妈，我一直在努力，但最近不知道怎么了……""你还学会骗人了？努力了怎么可能不进步、反而退步？"妈妈更生气了。李楠无言以对，只好不再说话。接下来的日子，李楠背着父母的压力，但自己又处在高原期走不出去，成绩越来越差……

孩子的学习处于停滞不前的状态，本来就容易产生消极心理，如果父母不能予以理解和安抚，反而硬要让孩子做出一番成绩，那么无疑是"雪上加霜"，甚至有可能使孩子自暴自弃、产生厌学情绪。因此，这时父母正确的做法是安慰孩子，告诉他："高原期只是暂时的，你已经付出了很长时间的努力，积累了很多知识和学习技巧，如果能够再坚持一下，一定会守得云开见月明。"

从前一个矿工听说某处曾是一座金矿，早些时候很多打工者都在这里挖到了金子，成了衣食无忧的人。矿工也想试一试，于是费尽周折来到了这个地方。然而，他来到这里以后，经过了近一年的开凿，也没有发现金子的影子。他一生气，就将镐头一扔，转身离去了。

不久，又有一个矿工慕名来到这里。他顺着原来那个矿工开凿的痕迹，继续往下挖，谁知挖了没多久，就惊喜地发现了矿脉。后来，这个矿工一夜之间成为当地赫赫有名的富翁。而原来那个矿工听到消息后，捶胸顿足，后悔万分，但一切已于事无补了。

处在高原时期的孩子，就像第一个矿工一样，虽然暂时要在"黑暗"中摸索，但因为自己已经付出了一定的努力，积累了一定的经验，如果能够坚持不懈，就一定会取得成功。而对于父母来说，这时不要急着赶孩子上马，只需要静静地陪伴他、安抚他，直到他渡过这个艰难的阶段。

同时，父母也可以适当帮助孩子对学习方法等进行一些改进，以求孩子能够早点儿冲破高原期。

第一，改进学习方法。父母要引导孩子，反思在学习中哪些习惯、哪些方法是有效的，是可以继续保持的；哪些习惯是有害的，必须克服和改进。比如，有的孩子不太愿意复习学过的内容，遇到问题不是先独立思考而是急于问别人，对做过的练习不注意分析和总结，等等，这些做法都会影响学习。

第二，回过头来巩固基础知识。既然孩子不能向前突破，不妨让孩子转回头来巩固一下基础知识，把基础打牢，这样既不会浪费时间，还能让孩子在复习的过程中找回一点儿自信。另外，有些孩子在梳理知识时，会突然发现前面学习中出现的问题还没解决，先前并没有得到巩固的知识会使复习阶段出现"高原现象"，这时的复习行为正好能解决这一问题。

第三，合理安排学习时间。休息不好，会使精神无法集中，思维能力下降。长此以往，学习效率就会明显下降，"高原现象"就会持续较长的时间。

高原期只是一个阶段，父母不必大惊小怪，否则会给孩子增加额外的压力，导致他学习的积极性更加低落。保持平和的心态，给孩子吃一颗"定心丸"，才能助他顺利通过高原期。

父母小贴士

孩子在高原期常常会感觉到压力过大。这时，父母可为孩子减压做一些工作。比如，准备能增进食欲的饭菜；营造温馨、舒适的家庭环境。作为父母，千万不要过分紧张，不要因为怕打扰孩子而处处小心翼翼，这样会让孩子更加压抑、紧张，不利于孩子放松情绪。

9. 倒 U 形假说，轻松将孩子的压力变动力

中国有句俗话，叫作"有压力才会有动力"。其实这句话只说对了一半，正确的说法应该是"有适度的压力，才能有动力"。如果一个人受到的压力太大，则他的精神意志将被压垮，动力无从谈起；如果压力太小，则根本不足以产生动力。

关于压力与动力的关系，心理学上有一个著名的"倒 U 形假说"（亦称"贝克尔境界"）认为，一个国家在经济发展初期，区域之间的经济差异一般不是很大；但是，随着国家经济发展速度的加快，区域之间的经济差异将不可避免地扩大；而当国家的经济发展达到较高水平时，区域之间的经济差异扩大趋势就会停止，并转变为不断缩小的趋势。这个变化过程就好像倒写的"U"。所以，心理学家把它称之为倒 U 形假说，也叫作"铃形假说"。

后来，这个假说被逐渐用于形容工作之中人们的压力与动力的关系。对于处于各种工作状态中的人们来说，过大或过小的压力都会使工作效率降低，只有最佳的刺激力度才能使人达到最佳的工作状态。同样，孩子在学习中的压力与动力的转化关系，也符合"倒 U 形假说"。比如，在孩子的学习过程中，如果负担过重，长期处于紧张状态，学习效果就会越来越差。父母必须重视这一现象，采取有效措施，不要对孩子提出过多、过高的要求，另外还要设法帮助孩子按时完成任务，适当缓解孩子的紧张情绪，让孩子在快乐中学习。

琳琳今年 10 岁，原本是一个非常活泼、可爱的孩子。爸爸妈妈为了让琳琳早日成才，给她报了很多补习班，包括英语兴趣班、数学辅导班、

舞蹈班、钢琴班、绘画班。每周除了学校的课程之外，琳琳都要奔走在这五个辅导班之间。说实话，她东西没学到多少，人倒是给累坏了。每天，她不是背着沉重的书包上学，就是背着跳舞的服装、钢琴教程、绘画板在各个培训学校之间穿梭。

不到两个月，妈妈发现琳琳有些"不正常"，她原来爱说爱笑的习惯不见了，不光整日皱着眉头，小小年纪还总是唉声叹气的，精神好像也很紧张。妈妈焦急地带着琳琳到儿童心理诊所去检查，医生询问了琳琳的情况之后，直言不讳地说："是你们过高的期望造成了孩子过重的心理压力。"妈妈有些奇怪："我们也是为了她好啊，希望她能把这些压力转化为学习的动力。"心理医生打了个比方："假如你有一个弹簧，你用五分的力气去压，它可能会反弹得很高；假如你用尽全力将它压下去，并且压得死死的，等你撒开手的时候，它多半不是弹起来，而是就此失去了弹力……"

由此可见，父母应该改变那种"压力越大、动力就越大、效果就越好"的错误观念，最好的办法是找到一个最佳点。比如，平时以督促他完成课内学业为主，只为孩子选择一个他喜欢的课外辅导班。以此为标准，觉得孩子压力较小时可以适当增加压力，当孩子压力较大时要帮他缓解压力，及时为孩子做心理疏导，以免影响孩子的心理健康。

基于"倒 U 形假说"中给孩子适度压力的观点，下面几个做法都值得父母参考。

首先，当然就是给孩子合理的期望。父母对孩子的期望值过高或过低都会对孩子造成负面影响。期望值过高，孩子会失去信心，觉得自己怎么努力都不能实现，因而不愿意继续努力；期望值过低，孩子觉得太容易实现，就有可能产生骄矜的心理，认为什么问题在自己面前都是"小意思"，这对孩子的心理健康也是无益的。因此，父母的期望必须根据孩子能力的具体情况来确定，最好是让孩子稍加努力后就能实现。

其次，父母给了孩子多少压力，就应该相应地给孩子多少支持。很多时候，孩子能承受多大的压力，除了与自身的能力有关之外，还取决于父母给了孩子多大的支持。一个孩子在没有压力也没有支持的环境下是难以成才的，因为没有足够的压力使他前进，也没有相应的手段对他进行塑造，他的潜力因而得不到发挥。如果孩子接受的只是高压而缺少相应的支持，也很难走向成功。父母要善于赞扬孩子，时刻关注他取得的进步，就像关注他的缺点一样，这对缓解压力有很大好处。为了不辜负父母的赞赏，孩子会全力以赴，怀着积极的心态，从而激发出强大的自信。

丫丫这个学期当了数学课代表，这本来是一件好事，但爸爸、妈妈对丫丫表示祝贺时，却看到了丫丫脸上的担忧。他们知道，丫丫心里一定有压力：既要承担好课代表的责任，又不能因此耽误了自己的学习，尤其不能落下数学成绩——否则，还怎么好意思做数学课代表呢？

这时，妈妈拍着丫丫的肩膀，对她说："丫丫，妈妈知道你担心什么。但是你不要有太大的压力，妈妈相信，你能够做好这个数学课代表。爸爸和妈妈都会在背后支持你的！"丫丫看着妈妈，信心坚定了许多。

接下来的日子里，妈妈总是很注重检查丫丫的作业，尤其是数学作业，生怕她有懈怠；同时也经常和丫丫分享她做课代表的乐趣，帮她分析遇到的一些小问题。在妈妈的支持和鼓励下，丫丫果然将这个课代表做得很好，学习成绩还有了一定的进步。

当孩子承受压力时，父母要和孩子一起应对。要让孩子正确地认识成功，也要教孩子正确地认识挫折，帮助他分析失败的原因和过程，以求改正。此外，父母还应多去发掘孩子在学习之外的优点和长处，并予以肯定。

当然，有必要的话，父母要和孩子一起行动起来，共同承受压力。比如，孩子每天学习很辛苦，父母就不能每天回家后轻松地休息，就算不能和孩子一起学习、做题，起码也要为孩子做好后勤工作。孩子只有看到父母实际的支持，才会产生更强的前进动力。

父母小贴士

其实每个孩子对压力都有无限的承受潜能，具体表现出来多大的承受力，是与父母的引导有着很大的关系的。如果父母能够以一种"谈起压力时轻描淡写、真正面对压力时严肃认真"的态度，来将压力放在孩子肩膀上，相信孩子也可以做到：不在精神上被压力打垮，但会在实际行动上付出努力。有了这样的态度，孩子即使承受的压力有些重，也能顺利地将其转化为动力。

第九章

子不教，父母之过——
不可不避的心理
教育误区

《三字经》中有这样一句话："子不教，父之过。"表面看起来，好像夸大了家长的责任，但实际上，这句话很贴切地说出了家长在教育孩子过程中的重要性。可以说，孩子所形成的不良习惯，往往都来源于小时候所受的不当教育。父母教育孩子，就好比嫁接果树，如果不精心对待，那么这棵树不但有长歪的可能，还会结出苦涩的果实。因此，父母一定要了解教育中有哪些误区，并尽量避开。

1. 剥夺孩子独立权的爱是最盲目的爱

    日本动画片《聪明的一休》中有这样一个情节：一休不小心跌倒，头磕破了。这时，他的母亲就站在身边，他把手伸向母亲，眼神里满是期盼——他希望母亲能够把自己扶起来。谁知，母亲却无动于衷，只是说了一句："用手撑一下，自己起来。"通过这件事，母亲让一休明白了一个道理：跌倒了要靠自己爬起来。

    意大利著名儿童教育专家蒙台梭利曾经说："教育首先要引导孩子沿着独立的道路前进。"培养孩子的独立性为什么如此重要呢？这是因为，孩子迟早要独立面对生活和社会。从入幼儿园开始，就是在一定程度上独立和外界交往；从成年开始，或者从毕业的那一刻开始，孩子就将全面独立面对社会。父母在孩子小的时候、自己年轻力壮的时候，哪怕给予孩子一切周到的照顾，都不及让他学会"独立"这一本领。因为父母所能给孩子的最好的事物，加起来也不如孩子独立创造得多且美好；父母能帮孩子解决的所有问题的总和，也比不上孩子将来要独立面对的十之一二。这就是为什么孩子一定要学会独立。

    美国著名教育专家罗伯特博士曾提出现代孩子教育的十大目标，其中第一条便是独立性。这表明，一个孩子要想在长大后有所成就，就必须具备独立思考、选择、判断、解决问题的能力。可见，几乎所有的儿童教育专家，都认同独立性在孩子生命中不可忽视、不可取代的地位。

    在电影《狐狸的故事》中，讲述了这样一个情节：

在一个严寒的冬天，狐狸富来普和莱拉相爱了。不久，莱拉生了5只小狐狸，他们一家在海边的沙丘上建立起一个家。

为了能够让孩子们尽快成长，富来普和莱拉每天四处寻找食物。不幸的是，在一次觅食中，莱拉死去了。爸爸富来普担负起了抚养孩子的重任。他没有像母鸡孵小鸡那样，将孩子们保护在身子底下，而是让他们出去独立地生活。他严厉地教育他们，教给他们捕食的方法以及躲避危险的技巧；但从来不会为他们捕食，也不会帮助他们躲避危险。

当小狐狸已经能够独立捕食的时候，他们还想留在爸爸身边，但富来普已经决心赶他们走了。一个风雪交加的夜晚，富来普把刚学会走路和觅食的小狐狸全部赶到了洞外。小狐狸们在风雪中凄厉地叫着，一次又一次地试图回到洞里，但每次都被堵在洞口的富来普赶了出去。无论那些小狐狸多么委屈和忧伤，富来普都一样的坚决。因为他知道，没有谁将来能养他们一辈子，他们必须要独立。

从这一天起，小狐狸们学会了如何独立生存。当富来普再一次看到自己的孩子时，他们已经变得非常强壮。

动物界的法则是物竞天择，人类社会中同样如此。如果父母们不懂得让孩子独立的道理，那么孩子就不知道如何自己生存。所以，父母在爱孩子的同时，也要适当"残忍"一些，随着孩子的成长，要让他承担越来越多的责任，好让他变得越来越独立。

培养孩子的独立，最重要的是不要剥夺孩子做事的机会，并且还要想方设法地创造机会让孩子学习独立做事。比如，孩子在两岁之后，就应该逐步学会自己吃饭、穿衣、收拾玩具，并帮助父母做一些比较简单的家务；孩子上学之后，要有能力决定自己在学校遇到的一些事情，等等。如果父母觉得孩子的独立能力不足，那就要创造条件来让孩子学着独立。比如，在锻炼孩子拿东西、走路等身体协调的阶段，可以适当利用玩具、物品创造让孩子锻炼的机会；在孩子学习知识、事理的阶段，要及早教给孩子接触、学习新知识的方法，让孩子学会独立思考，而不要一味灌输知识和道理。

旋旋今年才 5 岁，但在很多人眼里，她像一个七八岁的孩子那样独立和懂事。这多亏了妈妈教育有方。

在旋旋 11 个月大的时候，妈妈就给旋旋买了一套餐具组合玩具，让她拿着碗、盘子、勺子玩。很多人不理解，觉得孩子太小还不会玩。但旋旋妈妈说，这样能训练她的手感和平衡能力。果真，到 1 岁多旋旋开始接触真正的碗、勺的时候，拿起勺子来显得很稳，连喝汤都不在话下。

旋旋 2 岁半的时候，妈妈就总是在做家务的时候让旋旋"旁观"，有时还让她帮着收拾，或者在处理某些杂物的时候征求她的意义。当旋旋上幼儿园的时候，老师觉得很惊讶，午睡过后，她是唯一一个刚入园就能顺利地将被子叠好、快速穿好衣服和鞋的孩子。

孩子学习独立不是一蹴而就的事情，父母不能操之过急，不能因为孩子的动作慢、思考时间长，就嫌麻烦，干脆代劳。其实，孩子动作慢、没做好都不重要，父母的责任不是去帮孩子完成事情，而是教育孩子应该如何正确地去完成一件事情。一旦孩子找到正确方法，就会轻车熟路，自信心也会增加很多。这样一来，教育孩子独立，就成了一个良性循环。所以，父母一定要学会放手、耐心教育，给予孩子指导就可以了，千万不要包办。正如爱默生所说："你要教你的孩子走路，但是，应由孩子自己去学走路。"

父母小贴士

教育家卡尔·威特认为，对孩子独立能力的培养，是对孩子的一种真爱；而对孩子的溺爱和娇宠，则是孩子形成独立人格的最大障碍，只会让孩子在未来的生活中吃尽苦头。可见，父母培养孩子养成独立的人格，就是给了孩子愉快一生、幸福一生的保障。

2. "零"挫折，孩子的人生可能"零"作为

日本教育界有一句名言："除了阳光和空气是大自然的赐予，其他一切都要通过劳动获得。"这句话透露了日本人的教育理念，那就是一定要让孩子吃苦、劳动、受挫，培养其自食其力的能力。日本电视中经常有这样的比赛：让一个6岁的儿童独自去10公里外的一个亲戚家，母亲化装成一个陌生人看着这个孩子如何去找人指路、如何干渴难耐、如何疲惫不堪。悄悄跟随的母亲常会心疼得流下泪来，但绝不会帮孩子一把。

也许面对日本人"残忍"的做法，很多父母会想不明白：自己的日子过得好好的，为什么要让娇嫩的孩子去受苦呢？于是，他们精心地呵护自己的孩子，给孩子准备好生活中所需的一切，帮孩子解决所有成长路上遇到的难题，甚至连孩子将来的人生道路都事先铺就……一些父母认为这是对孩子无微不至的爱，但实际导致的结果是什么呢？孩子习惯了"不劳而获"，心安理得地享受别人做好的一切；孩子自私任性，想要的东西就会通过哭闹、绝食等各种手段得到；孩子解决问题的能力差到极点，甚至有些到了成年还不会做饭、不知道去哪交电费；孩子经受不起一点儿挫折，被老师训斥两句就要寻短见，工作一有不顺心就辞掉"宅"在家里……

这些现象在有些父母看起来或许夸张，但却真实地发生在不少孩子身上。而当父母有一天真的发现孩子在家太蛮横、在外太软弱，想要改变自己的教育方法时，孩子的性格却早已定性——聪明的孩子也早就摸清了父母的"死穴"，知道用什么"手段"来要求父母帮自己做事最有效……

如果父母能够在这里预见"温室"教育的不良后果，那么就要提早给孩子进行一些挫折教育。

"甘地夫人法则"是一个通过挫折教育来培养孩子意志力的指导性法则。印度前总理甘地夫人是一位非常出色的女性。作为领袖，她对印度有着杰出的贡献；而作为妈妈，她则是孩子心中最好的导师。

甘地夫人认为，生活是幸福和坎坷的集合，孩子只享受幸福、不感受坎坷，就不能完整地掌控人生。所以，她对孩子的教育目的，就是要帮助孩子平静地接受挫折，以便他们能在日后从容不迫地适应生活中的各种变化。

甘地夫人的儿子拉吉夫 12 岁时，因病要做一次手术。在手术之前，医生对着紧张、恐惧的拉吉夫说："手术并不痛苦，你不用害怕。"这虽然是安慰孩子的善意谎言，但甘地夫人却认为，孩子已经懂事，这样的欺骗反而对孩子不好，于是她阻止了医生。随后，她来到儿子身边，用平静的语调告诉他："可爱的小拉吉夫，手术后你会有几天相当痛苦，这种痛苦是谁也不能代替的，哭泣或者喊叫都不能减轻痛苦，还可能会引起头痛。所以，你必须要勇敢地承受它。"

果真，手术后，拉吉夫没有哭，也没有过多地叫苦，他勇敢地接受了这一切。

孩子在成长的过程中，既会有愉快的体验，也会不可避免地遇到各种挫折。挫折是不以人的意志为转移的，也不是父母精心地呵护就能够避免的。相反，孩子适当受一些挫折，他的承受能力会提高，处理事情的经验也会增加，以后孩子再遇到同样的问题，解决起来就会更快、更稳妥。因此可以说，对孩子进行挫折教育，看似是在"打压"孩子，其实就像在轻轻压迫一个弹簧一样，会让孩子弹得更高。

进行挫折教育，第一步就是给孩子"打预防针"。孩子第一次经历挫折的时候，都会产生挫败感。如果这种心理得不到合理调适的话，孩子就有可能不敢尝试下一次。所以，父母首先要让孩子正确认识挫折。对于小一些的孩子，父母要多鼓励、多做示范，失败了就引导孩子再做一次，直到他成功；对于一些已经对事物有较深认识的孩子，父母就可以采取甘地夫人的做法，明确地告诉他挫折不可躲避、不可转让，但是是可以战胜的，让孩子有勇气、理智地面对。

在如今较高的生活水平下，一般孩子经受挫折的机会并不多。这时，父母可以创造情境，让孩子接受挫折教育。在这方面，很多国外父母的做法都值得我们学习。

在德国，父母从不代替孩子做他们力所能及的事情。法律还规定，孩子到 14 岁就要在家里承担一些义务，比如要替全家人擦皮鞋等，即使孩子做得不好，父母也不能代劳，必须让他们自己在摸索中做完美。这样做，不仅是为了培养孩子的劳动能力，也有利于培养孩子的社会义务感。在加拿大，父母为了培养孩子在未来社会中生存的本领，从很早就开始训练孩子独立生活、战胜挫折的能力。几乎所有的孩子上了小学之后，都要去承担一份简单的工作。大部分孩子每天早上要去各家各户送报纸，他们总是很早就起床，无论刮风下雨都要去送，可孩子们从来都没有耽误过上学，也很少有孩子为此而愁眉苦脸、抱怨父母。相反，他们总是快快乐乐地完成自己的工作。

在加拿大父母的做法中，父母们应该了解到，给孩子一些任务、让孩子去受一些挫折，对他们来说其实并不是痛苦的事情，大多数时候反而是一种快乐，因为他们在尝试新事物和解决问题的过程中，能力得到了体现和提升，内心也会是欢愉的。

父母小贴士

适当的挫折，是帮助孩子成长的有益因素。若父母过于保护孩子，将挫折与孩子隔离开，那么孩子就会永远是一棵娇嫩的小草，将来失去父母的庇佑之后，他将经不起任何风吹雨打。所以，父母要清楚地认识到：没有挫折的童年，换来的可能是孩子渺茫无望的未来。

3. 父母态度不一，孩子左右为难

战国时期的思想家韩非子说过："一家二贵，事乃无功；夫妻持政，子无适从。"意思就是说，一个家庭里父母各有所见，互不相让，家里就什么事也做不成；对子女进行教育，各持各的观点，子女就不知道该听从谁的。可见，古代智者，已经对家庭教育中父母的一致性提出了要求，即父母应该态度一致，否则孩子就会感到左右为难。

孩子是父母共同的结晶，应该在父母共同的爱和教育之下长大，如果一个孩子同时接受父母不一致的教育，他将会变得无所适从；一个孩子如果同时接受父母给予的两种价值观，他的生活将陷于矛盾中。这就是"手表定律"。

有这样一个故事，森林里住着一群猴子，它们过着平淡而幸福的日子。一天，一名游客穿越森林时，把手表落在了树下的岩石上，被猴子"猛可"拾到了。"猛可"非常聪明，它很快就搞清了手表的用途。于是，"猛可"一夜之间成了整个猴群的明星，每只猴子都向"猛可"请教确切的时间，整个猴群的作息时间也由"猛可"规定。"猛可"逐渐建立起威望，当上了猴王。

可"猛可"也有不聪明的时候。它做了猴王，认为是手表给自己带来了好运，于是它每天在森林里巡查，希望能够拾到更多的手表。功夫不负有心人，终于有一天"猛可"又拥有了第二块、第三块手表。

手表多了，"猛可"的麻烦事也来了：每块表的时间指示都不尽相同，哪一个才是确切的时间呢？"猛可"被这个问题难住了。当有下属来问时间时，"猛可"支支吾吾地回答不上来，整个猴群的作息时间也因此变得混乱起来。过了一段时间，猴子们起来造反，把"猛可"推下了猴王的宝座，"猛可"的"收藏品"也被新任猴王据为己有。但很快，新任猴王也遇到了和"猛可"同样的困惑……

这就是"手表定律"。所谓"手表定律"，就是只有一只手表时，可以知道准确的时间，而拥有两只或更多的手表时，却无法确定时间。更多手表并不能告诉人们更准确的时间，反而会让看表的人失去对准确时间的判断力。

这一定律告诉我们这样一个道理：每个人都不能同时遵循两种或两种以上不同的行为准则或者价值观念，否则他的学习、工作和生活必将陷入混乱。同样，在亲子教育中，父母也不能对孩子采用两种不同的方法、设置两个不同的目标或者提出两个不同的要求，因为这会使孩子无所适从，甚至行为陷于混乱。

轩轩放学回到家，一进门就大声嚷嚷："爸爸、妈妈，老师选我去参加作文比赛啦！"说完，还抖着手里的一本作文书，神气地在爸爸和妈妈面前晃了晃。妈妈喜笑颜开，表扬他说："轩轩真厉害，这么小就参加作文比赛了。妈妈为你自豪！你们班有几个同学参加比赛？""只有我一个，"他兴奋地说，"老师说参加作文比赛的同学可以每天下午不上课，只看作文书。"听到这，妈妈皱起了眉头："每天下午都不上课吗？那要看几天？""下个月比赛，所以这半个多月都要看作文书。"轩轩认真地回答。

妈妈不禁倒吸了一口凉气，说道："这怎么行呢？那要耽误多少课啊？"轩轩看妈妈不像刚才那么支持自己，有点儿不高兴地低下了头。爸爸见状，说道："嘿，小学生下午的课，我都了解。总共就两节，有时是体育课，有时就是自习课，没什么重要的。作文比赛好，能丰富孩子的经历，我支持轩轩去！"轩轩刚露出点儿笑容，看到妈妈一脸不高兴地瞪了爸爸一眼，只好把笑容收了回去。接下来，轩轩听了半个小时爸爸和妈妈的争论，但最终也没争出个结果来。轩轩心里也很矛盾，回房间独自思考去了。

父母对待孩子的态度不一致，可能导致一系列不良的后果，比如夫妻争吵、孩子失落，没有统一的结论、孩子夹在中间犯难。所以，父母的态度要尽量达成一致，避免在育子过程中出现意见不合的现象。

首先，父母要做到意见统一。父母对孩子的要求一致，这对孩子的成长是十分重要的，在这样笃定的要求中，孩子会非常有安全感，能记住正确的规则是什么。如果父母做不到这一点，总是在孩子面前争论谁对谁错、辩论孩子应该听谁的，孩子就会左右为难，心中充满矛盾和压力。假如夫妻之间的争吵升级，在孩子面前互相诋毁对方，争着让孩子听自己的，那么孩子将会在这场"战斗"中更加受伤害。比如，妈妈如果对孩子说："别听你爸的，他不懂。"那么父亲在孩子心中的形象就会打折，父亲的威严也会受到质疑。这对孩子的心理健康是很不利的。因此，父母必须统一起来，给孩子一个统一的价值观。

其次，父母即使有意见不统一的地方，也不要当着孩子的面吵架。在实施教育的过程中，如果父母之间出现了观点的差异或者矛盾，最好先有一方让步，保证在孩子面前有一个统一的说法，事后再私下进行交流。如果父母总在孩子面前争吵，那么两人的威信在孩子心中都会降低。此外，如果孩子觉得哪一方的观点对自己有利，还会觉得自己有了依靠，或者钻父母的空子，让自己的"小心机"得逞。比如，孩子想要一个十分昂贵的玩具，爸爸觉得没必要，因而不同意；妈妈则由于对孩子的宠爱而同意买。这时，孩子会义无反顾地站在妈妈这边，与妈妈一同对抗爸爸。这样不仅会让孩子形成错误的价值观，还会影响一家三口的感情。

最后，父母如果就一个问题争执不下，几次商议都不能达成一致，那么不妨征求一下孩子的意见。孩子是受教育的对象，对父母的教育行为有最直接的感受，有时能很客观地评价爸爸、妈妈教育行为的优点与不足。父母多征求孩子的意见，对改进家庭教育观念和方式是很有帮助的。

父母统一教育言行，是家庭教育的一大基本原则。在教育孩子的问题上，父母应该尽早就各项事宜达成共识，避免当问题出现的时候彼此争吵。

父母小贴士

　　对于父母来说，应该将一些有关教育的事情事先商量好，就像演员要提前背好台词一样，不能等到了舞台上"现编"。父母私下商量，往往能够平心静气，客观地分析不同做法对孩子的利弊。而在孩子面前"商量"，往往会为了争一时之长短而失了理智和风度。

4. 贬低孩子，当心他品尝"习得性无助"的恶果

　　高尔基曾经说："我一生所主张的，就是生活，对人们必须抱持积极的态度。"英国批评家阿诺德也曾说："别让消沉在你心上占有一席之地，别让懦弱出现在你的嘴边话里，别让倦色爬上你额前眉际。"可见，积极是多么被人们看好，消极是多么被人们不屑。但在生活中，很多正当蓬勃向上的年龄的孩子们，却早早有了消极的心态和语言。这是什么原因造成的呢？

　　每个孩子都应该是乐观的、活泼的，而这种心态下形成的性格和品质，则应该首先是积极的、自信的。如果有父母发现自己的孩子总是很自卑，对待事情也很消极，那么就要审视一下，孩子是否被笼罩在了"习得性无助"的阴影之下。

　　"习得性无助"是美国心理学家塞利格曼 1967 年在研究动物时提出的。他用狗做了一项实验，先把狗关在笼子里，当准备好的蜂音器一响，就电击笼子里的狗，狗关在笼子里只能呻吟和颤抖。多次实验之后，再一次打开蜂音器，在电击之前把笼门打开，此时的狗居然没有夺门而出，

而是不等电击出现就先倒在地上呈现痛苦状，它本来可以主动地逃避，却绝望地等待痛苦的来临。心理学家把这种现象称为"习得性无助"，它是指有机体在经历了某个事件后，在情感、认知和行为上表现出的消极的特殊心理状态。

同样的道理，如果一个人经历的失败太多，或者受到别人的讽刺、贬损太多，体验到的成功和赞赏太少，就会产生无助感，从而变得悲观失望、灰心丧气、怨天尤人，丧失对自我价值的认知。如果这种"习得性无助"发生在一个孩子的身上，那么父母就要检查一下自己的教育方法是否有问题了。

小涛一年级的时候，参加了学校的跳远比赛，没想到本来体育还不错的他竟然发挥失常，得了最后一名。回到家之后，小涛很不高兴地向妈妈讲述了自己在运动场上的失利，妈妈的回答竟然是："哟，就你还敢报名比赛呢？我看你这个成绩不是发挥失常，是挺正常的。"说完还咯咯笑了两声。小涛又羞愧又懊恼，转身回房间去了。

二年级时，小涛代表班里去参加区里的英语竞赛，在低年级组中拿了个第四名。小涛很高兴地拿着奖状回到家，满心欢喜地将奖状贴在墙上，妈妈却说了一句："第四名？是不是只有四个人参加？你看隔壁姐姐家，贴的都是第一名、第二名的奖状……"小涛没有再听下去，十分愤怒地撕掉了奖状。

从那之后，小涛参加课外活动和比赛的积极性低了很多，在他的心里，自己即使参加了也是白费力气，最终迎接自己的都会是失败。

小涛的妈妈或许不是有意贬损自己的儿子，而是无意识的玩笑，或者只是拿儿子"取乐"，但来自妈妈的这种言论和态度，对孩子的影响是非常大的。在这样的不信任、不看好的言论之下，孩子迟早会变得自卑，失去对很多事情的兴趣。这就是"习得性无助"的恶果。

那么，对于已经处于"习得性无助"阴影之下的孩子，父母应该怎么拯救他们呢？

首先，杜绝对孩子的贬低，不管是否有意。要多鼓励孩子、多表达对孩子的欣赏。给孩子创造一个宽松、自由、快乐的环境。由于孩子年龄小，生活经验不足，所以当他们遇到新鲜、陌生的事物时，往往不能自如地面对，这时候家长的帮助对他而言是至关重要的。假如孩子说出"我不懂""我不会"时，父母不是帮助孩子，而是责备他"你怎么不会，别人为什么能行？没出息"，孩子的自尊心就会受到极大的伤害。其实，如果这时父母能给予孩子适当的安慰和鼓励，比如说"试一下，做错了不要紧，妈妈支持你"等，就可能会收到意想不到的效果。

其次，父母要遵循孩子的成长规律，在注重孩子兴趣的基础上，让孩子自由发展，不要给孩子制造过多的压力。

有的父母希望孩子多才多艺，于是给他报了很多兴趣班，如钢琴、绘画、书法等；但另一方面，父母又生怕自己的孩子比不过别人，于是时常把自己的孩子和别人家的孩子相比较，比如说一些类似"你看人家弹琴就是比你好"的话。这势必会给孩子造成一定的心理压力，孩子会认为自己真的比别人差、比别人笨，于是形成恶性循环。其实家长需要做的是为孩子营造宽松的家庭氛围，以使孩子能够放松心态自然地进入求知状态。

瑶瑶5岁那年，有一次在电视上看到一些穿着漂亮舞鞋的小女孩，踮着脚尖在跳芭蕾舞，一下子被吸引住了。妈妈看出瑶瑶对芭蕾舞的痴迷，便问她要不要报一个芭蕾舞班学习。瑶瑶其实是个很内向的小女孩，对自己的能力很不自信，她犹豫着说："不要了吧。妈妈，我觉得我很笨，学了也学不好，不能在比赛的时候拿第一名。"妈妈蹲下来，抚摸着瑶瑶的肩膀说："瑶瑶，你去跳芭蕾舞，应该是因为自己喜欢才去的，而不是为了拿名次。况且，妈妈也不需要你拿第一名，妈妈只想让你开心地做自己喜欢的事情。"瑶瑶还是很犹豫："我怕我学不好，小伙伴们会笑话我。""瑶瑶，不是那样的。每个人都是因为不会才去学习的，所以没什么好害羞的。而且只要你认真跟老师学，妈妈相信你一定能跳得很好！"听了妈妈的话，瑶瑶终于展开了笑颜，大胆地尝试了一次。

另外，很多父母可能崇尚严格的家教，但需要注意的是，严格并不等于批评和贬低。有的父母经常批评孩子，因为他们认为"多批评、少表扬"是一种严格教育的表现，能培养孩子的心理承受能力和意志力。殊不知，较少受到表扬的孩子会对自己失去信心，对于自己力所能及的事也会产生退缩心理，从而慢慢地失去主动性，并开始逐渐怀疑自己的能力。

可见，父母的话，在孩子听来是没有玩笑、认真的区别的，孩子都会非常相信父母说的话，并由此对自己进行评价。父母如果不希望孩子受"习得性无助"的侵害，就要严守嘴关，不要说伤孩子自尊和自信的话。

父母小贴士

习得性无助，并不是那么容易形成的，只有孩子在失败的时候，父母还在伤口上撒盐，孩子才会深深受到伤害并进入习得性无助的阴影。因此，父母一定要将贬低、嘲笑的话从自己脑海中完全抹去，关注孩子的内心，经常鼓励他、表扬他。正如一句名言所说：用一吨重的批评去攻击他，不如用一两的表扬去肯定他。

5. 言语打击，当心扼杀孩子的小小梦想

每个孩子都有自己的梦想。而一旦童年有了梦想，孩子就会在希望中生活并不断地创造生命中的奇迹，这就是"梦想法则"。黎巴嫩著名诗人纪伯伦说过："我宁可做人类中有梦想和有完成梦想愿望的、最渺小的人，也不愿做一个最伟大的无梦想、无愿望的人。"

童年是梦想的故乡，每个人在童年时期，都有一个宏伟远大的梦想。有的梦想当教师，神气地站在讲台上面；有的梦想当宇航员，飞到外太空去探索宇宙；有的梦想当一名作家，用手里的笔写小说、写诗歌；有的梦想做一个舞蹈家，在灯光绚烂的舞台上表演……童年是一个多梦的季节，虽然大部分孩子的梦想在大人看来是"天方夜谭"，但对于孩子来说，梦想是他们的精神支柱，他们会朝着梦想所在的方向不断前进。因此，父母千万不要随便打击孩子，而是要给予支持，表示对孩子的相信。这样，孩子才更有信心，梦想的种子才更有可能长成参天大树。

　　多年前，有一位贫穷的牧羊人带着自己的两个儿子过着艰难的生活，他们唯一的经济来源就是靠替别人放羊来赚取佣金。有一天，他们将羊群赶到了一个小山坡上。就在这时，一群大雁从他们的头上飞过，牧羊人的小儿子问父亲："爸爸，大雁要飞到哪里去呢？"他的父亲回答："它们要飞到一个温暖的地方，在那里度过寒冷的冬天。然后等到春暖花开的时候，它们再飞回来。"牧羊人的大儿子听了，羡慕地说道："要是我们也能像大雁一样在天空自由飞翔就好了，那我们就可以飞到天堂去，看看妈妈是不是在那里。"牧羊人沉默了一会儿，用慈爱的口气对两个儿子说道："只要你们想，你们也能飞起来。"

　　两个儿子牢牢记住了父亲的话。在此后的时间里，他们几十年如一日，慢慢积累着资金和经验，并不断地学习和研究当时最前沿的机械制造技术。在经过一次又一次的实验之后，他们终于飞了起来——他们发明了飞机，创造了人类航空史上的奇迹。这两个人就是美国的莱特兄弟。

　　研究很多成功人士的成长历史，比如爱迪生、达尔文，都会发现，他们的梦想是在孩提时代就萌发在心里的。试想，假如当年他们的父母没有鼓励他们、支持他们，而是说："你不要做梦了，你说的根本不可能实现。"那么他们还能有那么大的力量去坚持追逐自己的梦想吗？今天很多卓越的成就，恐怕也不能出自他们之手了吧？所以，无论孩子嘴里说出的话，在父母听来是多么"可笑"，父母都不要去嘲笑孩子，也不要敷衍他们，而是要发自内心地相信他们，告诉他们"去努力""你能行"。

　　豪豪的语文老师给大家布置了一篇作文：我的梦想。豪豪这天回到家很专注，把自己关在房间里认真写了一个多小时。吃过饭之后，妈妈帮豪豪检查作业，顺便看了他的这篇作文。她看完之后，笑着把豪豪的爸爸叫过来，说道："你看，豪豪这志气可真不小，将来想当画家呢！"爸爸听后，示意让妈妈止住笑声，一本正经地问豪豪："儿子，能告诉爸爸为什么将来想当画家吗？"豪豪回答说："因为画家很厉害，能画很漂亮的风景、房子，还有人。他们的画还能放到博物馆里，大家都来看！"爸爸又问道："那豪豪喜欢画画吗？""喜欢！"豪豪用力点着头。"那好，爸爸也相信豪豪一定能把画画好，将来也能办画展！"豪豪一听更加兴奋了，抱着爸爸叽叽咕咕说了一大堆，说听老师讲过，北京有很多办画展的画家，自己将来想去北京看画、画画；还说美术老师每次都会夸自己画得很棒……

　　知道了孩子的"梦想"并不是信口开河，而是已经埋藏在心里很久的种子，并且孩子已经在为此做出努力，妈妈这才醒悟，自己刚才的笑是多么不应该，她觉得自己差一点儿打击了孩子的自信、扼杀了孩子的梦想。于是，她也立刻走到父子俩身边，竖起大拇指，郑重地对豪豪说："豪豪真棒，妈妈相信你一定能实现自己的梦想！加油！"

　　对于人来说，最宝贵的就是梦想。甚至可以说，一切成功的今天，最初都只是一个梦幻般的想法。如果父母击碎了孩子的梦想，可以说，就是埋葬了孩子可能非常成功的未来。所以，父母永远不要说打击孩子的话，并且还要为孩子的梦想做出一系列的帮助和引导。

　　孩子说出了自己的梦想，父母要给孩子一定的指导，可以根据自己的经验和对孩子的了解，告诉他朝着怎样的方向努力可以更快地实现梦想。不过，父母只能适当提点，不要过多干预。要知道，没有一个名人的成功是父母提前预料到的，所以不要把自己的想法过多地灌输给孩子，让他自由地按照自我意愿发挥，他可能会做得更好。

　　在孩子实现梦想的过程中，如果遇到困难，父母不要怂恿他放弃，而是要鼓励他努力跨越难关。要让孩子知道实现梦想不容易，但有梦之人，绝对应该为了自己的梦想努力拼搏。即使孩子将来不能成功，他的意志力、克服困难的能力，也会得到很大的提升。

孩子的很多想法可能是幼稚的，但当他们脑中出现梦想的时候，这"幼稚的想法"却可能是将来社会的一大奇迹。飞机发明之前，谁又能想到人类真的会飞呢？所以，孩子的梦想永远不会是幼稚的，而是一个个奇迹的萌芽，值得所有的父母去精心保护。

父母小贴士

梦想对于孩子来说，就好比鸟儿飞翔时所依赖的翅膀一样。孩子有梦想，父母当然要精心呵护，给他广阔的空间，让他展开翅膀去飞。相信这样的孩子，即使飞得不如自己想象中那么远，也一定会比处在父母打击下的孩子飞得更高、更有力量。

6. 与"丑陋"隔绝，孩子只能生活在童话中

有一个国王要外出远行，他叫来三个仆人，给了他们每人一锭银子，让他们去做生意。国王回来后，三个仆人来汇报情况。第一个仆人说："国王，我赚了 10 锭银子。"国王于是奖励了他 10 座城邑。第二个仆人说："国王，我赚了 5 锭银子。"国王奖励了他 5 座城邑。第三个仆人说："国王，我担心赔掉你给我的那 1 锭银子，所以我没有去做生意。"于是，国王将第三个仆人的那锭银子给了第一个仆人，并说："凡是少的，就连他所有的，也要夺过来；凡是多的，还要给他，叫他多多益善。"这就是著名的"马太效应"。

"马太效应"虽然是一种让人难以理解和接受的理论，但这种现象在现实生活中却是真实存在的，并且存在于很多地方。比如，一个人从生下来，家庭背景、容貌等就都是不一样的，而在漫长的成长过程中，还将经历或目睹很多不公正的事情，这是难以避免的。要知道，世界上永远不可能有完全公正的环境和事情。人生在世，对这一点有基本的认识是很有必要的：一来可以增强人们面对不公平时的承受力；二来能够让人形成良好的心态，保持一颗平常心，不过分强求平等的回报。

因此，父母适当地将这一现象讲给孩子听，是让孩子形成强大心理的必要步骤。然而，实际生活中，很多父母出于保护孩子的心理，总不忍心将这一实情相告，而是给孩子塑造一个绝对公平的"乌托邦"。其实，这最终并不能达到保护孩子的目的，反而会让孩子因为失去了对现实生活的正确判断，而在以后的日子中处处碰壁，事事觉得自己受了委屈。

小美是个非常漂亮的女孩，在幼儿园的时候因为自己可爱的外貌受到老师和很多同学的喜爱，几乎每天都会有人围着小美，跟她说话、玩游戏。但上了小学之后，小美心中的优越感逐渐消失——老师们不再因为她的可爱而关注她，反而总是揪着她"学习不好"的小辫子不放，每次谈话的内容都是让小美好好学习。小美当然也希望有个好成绩，但她并不是一个聪明的孩子，记东西总是记不住。小美为此苦恼极了。

这个月的最后一天刚好是小美的生日，妈妈给小美买了蛋糕，让她许个愿望。只见小美愁眉苦脸地说："我希望自己变聪明一点儿。"妈妈吓了一跳，问小美为什么会这么说。小美哭丧着脸回答："妈妈，老师总说我学习不好，但我已经很努力了，可就是记不住。我的同桌背课文的时候，只要读3遍就背过了；而我经常读了10遍还背不过。真是太不公平了！"妈妈还没有回应，小美又说："幼儿园的老师都喜欢我，可现在的老师都没有说过喜欢我。这不公平！我要回幼儿园！"说完竟然哭了起来。妈妈抱了抱小美，给她擦干泪水，安慰她道："小美，首先，妈妈要告诉你，这个世界上经常会有不公平的事情，你必须要接受。比如，你比很多同学长得漂亮；又如，你可能不如一些同学聪明。但是，这个世界也是公平的，你总会有一些地方不如别人，又会有一些优点是别人比不上的。另外，公平还指：如果你加倍努力，不放弃，那么总有一天会取得成功。课文读3遍背不过，那就读10遍；10遍背不过，就读20遍。不要去跟别人比，只跟自己以前比，只要你能一次比一次记住得多，就是回报，就是公平。"

孩子无法正确认识现实，就会在面对现实的时候无法接受自己的失败。所以，父母不要将孩子套在自制的、完美的保护膜中，要知道，这种保护是一种谎言，会欺骗孩子的心灵，让他对世界产生错误的认识。

那么，父母应该从哪几个方面来让孩子懂得，世界存在一定的不公平，但又不会让孩子曲解了这种不公平、产生消极心理呢？

父母首先要转变自己的观念，要有让孩子正确认识世界的意识，不要企图让孩子生活在一个童话谎言中。父母要知道，对于成长中的孩子来说，即使经历委屈，也是孩子形成完整、健全心理的必要过程，这对孩子未来的身心发展是大有好处的。每个人都要经历第一次不公平的感受。越早经历，对于孩子形成健康的心理、平和的心态就越有好处。

对于一些比较小的孩子来说，可能还无法理解什么是不公平，只是有一种不被平等对待或者受委屈的感觉。父母不妨抓住这些时机，让孩子懂得，不公平的情况随时可能出现，公平更多时候是一种相对的情况。

父母还要让孩子知道，公平并不代表自己如愿以偿，或者占了便宜。公平是针对双方而言的。如果孩子觉得自己受到了不公正的待遇，感到委屈，父母要让孩子知道怎样是公平的，而不能去满足孩子的无理欲望，甚至不惜做出对别人不公平的事情。否则，孩子也会对公平的观念产生误解。

父母虽然要让孩子正确认识世界的不公平，但也不能将外界描述成一个"不公平遍地"的状态，这也会使孩子的心理健康受损，形成凡事爱钻牛角尖、心态消极的"愤青心理"。基于这一点，父母就要以身作则，保持自我良好的心态。假如父母本身就对很多事情"看不惯"，总是在家里说这不公平、那不公平，孩子也会被这种消极的思想所传染。

如果孩子的"小愤青"情绪见长，那么父母可以引导孩子，让他将自己的注意力集中到其他更重要的事情上，比如关注自己应该达到的目标，用自己的喜好来缓解心中的不满情绪等。面对孩子的委屈，父母既不能视而不见，也不能一味责怪孩子，找到根源，清除孩子心中郁积的情绪垃圾，才是化解孩子"愤青"情绪的好方法。

总之，父母既要让孩子明白不公平是一种不可避免的现象，不能为追求所谓的平等而大伤精力；还要让孩子保持一个良好的心态，不因此而失去对生活的信心、对成功的渴望。能对生活有理智的认识，同时以平常心来对待，相信孩子就不会有什么大的心理问题了。

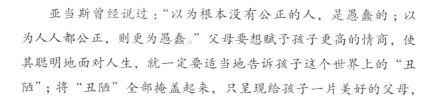

父母小贴士

亚当斯曾经说过："以为根本没有公正的人，是愚蠢的；以为人人都公正，则更为愚蠢。"父母要想赋予孩子更高的情商，使其聪明地面对人生，就一定要适当地告诉孩子这个世界上的"丑陋"；将"丑陋"全部掩盖起来，只呈现给孩子一片美好的父母，其实是讳疾忌医、掩耳盗铃，迟早会让孩子的身心因此而受伤害。

7.　不正当奖励，孩子的路会越走越歪

在教育中，奖励是对孩子取得一定成绩或进步的肯定，是对孩子努力的犒劳，是对孩子将来的期许。在这些范畴内，奖励的作用都是积极的。但如果奖励被孩子当成了努力的目的，那么奖励的副作用就会随之

显现。

孩子表现得好、听话、取得了好成绩、有了进步，父母通常都会对孩子进行一定的奖励，有时是口头的表扬，有时是物质的奖励，有时是带孩子到外面游玩等。事实证明，奖励在教育中是必不可少的一种手段，可以让孩子学习和做事时更有积极性。奖励运用得好，可以达到意想不到的良好效果，但如果一味依赖奖励，却也未必能事事如意。这就是所谓的"德西效应"。

心理学家德西在1971年做了一个实验。他让大学生作为被试者，在实验室里解答一些有趣的智力难题。实验分三个阶段：第一阶段，所有的被试者都无奖励；第二阶段，将被试者分为两组，一组是实验组，每完成一道难题可得到1美元的报酬，另一组是控制组，这一组跟第一阶段相同，无报酬；第三阶段，此阶段为休息时间，被试者可以在原地自由活动，也可以继续解题。结果表明：实验组（有奖励组）的被试者在第二阶段确实十分努力，但到了第三阶段，愿意继续解题的人数却变得很少，这表明兴趣与努力的程度在减弱；而控制组（无奖励组）中愿意花更多的休息时间继续解题的人数却相对更多，这表明兴趣与努力的程度在增强。

德西从这个实验中得出这样一个结论：有时奖励作为一种附加的物质条件，不但起不到促进人们去做某项工作的作用，反而会在一定程度上降低人们的积极性。心理学家把这种规律称为"德西效应"。

为什么会出现这种情况呢？心理学家解释：在没有物质奖励时，人们做某件事可能完全出于自己的兴趣，这时可以说不需要奖励也能做得下去；而一旦"做事"和"奖励"之间产生联系的时候，人们往往会将奖励作为做事的动机，也就是有奖励才做，没奖励就不做了。成人是这样，孩子们也是这样的。

一位老人生活在一个环境较差的社区。不知从什么时候开始，每天都会有一群孩子到他的窗下大喊大叫地玩耍，令老人不能安静修养。老人和孩子们谈判了很多次，但都没起到什么作用。

一天，孩子们又在窗外大喊，老人走出来，给了每个孩子 10 美元，让他们继续在这里喊。孩子们虽然不明白老人为什么付钱，但他们得到了好处，就更卖力地喊了起来。从那以后，老人每天都会给孩子们每人10 美元，孩子们来得更加准时、喊得更加大声了。但到了第二周，老人开始只给每个孩子 5 美元。孩子们虽然有些不高兴，但还是接受了。第三周，老人改为只给每个孩子 1 美元。第四周，老人对孩子们说："小家伙们，我实在没有钱给你们了。"孩子们一听，立刻失望地走了，并且边走边说："都没钱了，谁还给你喊呢？"从那之后，孩子们再也不到老人的窗下玩耍、喊叫了。

原本在这里叫、闹，是孩子们的兴趣，但老人将这一行为与奖励联系了起来，使得孩子们在奖励消失的时候，就不再进行这一行为了。上述实验和这个故事都表明，在某些时候，某些不正当的奖励，是打击孩子积极性的错误行为。比如，父母经常会"鼓励"孩子，如"如果你这次考 100 分，就奖励你 100 块钱"，"要是你能考进前五名，就奖励你一个新玩具"，等等。家长们也许没有想到，正是这种不当的奖励方式，将孩子的学习兴趣一点点地浇灭了。

但我们也都知道，奖励在亲子教育中是不可缺少的，否则孩子的自信心和积极性也会受到打击。那么，怎样奖励才不至于产生负面效果呢？

第一，父母不能滥用奖励，而要适度奖励。父母可以通过商议，制定"奖励制度"，制度的标准需综合考虑家庭经济能力、孩子的进步幅度等几项内容，切记不能"超标准"和不切实际地对孩子进行奖励。比如有的父母本来属于低收入阶层，却经常给孩子购买高价品牌服装等作为奖励，这样既达不到奖励的效果，又会使孩子养成奢侈的性格，对孩子和家庭经济都是有害无益的。

璐璐的爸爸和妈妈都是普通的职工，家里的条件并不宽裕，但出于对璐璐的爱，妈妈总是给璐璐买最好的衣服、零食和学习用具，而自己和丈夫则总是节衣缩食。不过，令妈妈欣慰的是，璐璐的成绩还算不错，每次考试成绩都在班级前五名。为了奖励璐璐，妈妈立了一个规定：璐璐考进前五名，就带他去吃肯德基；考第三名，就给他买名牌运动鞋；考第二名，就给他买最新的电子产品；考第一名的话，奖品就任由璐璐选。

在这么诱人的奖励制度下，璐璐学习起来十分卖力。但他的成绩始终都在第二名至第五名之间徘徊。璐璐下定决心，这次期末一定要考个第一名，实现自己期盼已久的"梦想"。谁知道，璐璐的愿望竟然真的实现了，他这次真的考了第一名。拿着奖状回家的时候，璐璐高兴极了。当然，爸爸妈妈比璐璐更高兴。一家人高兴之余，璐璐提出了自己的要求："不是奖励随我挑吗？那我想让你们带我去香港迪士尼乐园玩！"璐璐的爸爸和妈妈傻眼了，去香港旅游一趟，所需的钱可不是个小数目啊。两个人平时要给璐璐买名牌衣服和玩具，又要供他上学，哪有那么多积蓄呢？两人互看了半天，最后妈妈婉言拒绝了璐璐的请求。

璐璐看着自己的梦想破灭了，气得把试卷撕了个粉碎："你们说话不算数！答应给的奖励又反悔！我再也不好好学习了！"

如果奖励消失，那么在孩子看来，学习的动力也就消失了。这个故事值得很多父母深思。

第二，父母对孩子的奖励应该以精神奖励为主、物质奖励为辅为原则。比如带孩子去郊游、游园、参观之类的，以能够达到提高孩子的能力、开阔孩子的视野、增长孩子的见识、陶冶孩子的情操的目的为最佳。

第三，奖励不应该单纯以学习成绩为依据。无论孩子在哪个方面取得了成绩和进步，都应该进行适当的奖励，否则，容易使孩子产生"重学习成绩、轻综合能力"的错误观念。

父母使用奖励手段是值得提倡的，但一定要让奖励数量和层次在正常的范畴之内，否则，奖励就不是对孩子好，而是在害孩子。

父母小贴士

聪明的父母，可以将一部分主导权作为对孩子的奖励，这对孩子来说，其实也是奖励的最高级别。比如，让孩子来决定全家周末的活动、选择到哪家餐馆吃饭、请哪些小朋友到家里做客……同时，这种给孩子更多主导权的奖励，还有助于提高孩子的多种能力，可谓一举多得。

8. 超限效应，你的孩子听了太多相同的话语

为什么很多父母觉得自己苦口婆心的劝说，在孩子看来却只是烦人的"唠叨"，孩子会对自己十分不耐烦，甚至产生抵触心理呢？这正应了那句话："一句话重复一百遍也不会成为真理，而真理重复一百遍却可能成为废话。"亲子教育中，这句话同样适用。无论父母的出发点多么正确，一旦不断地重复相同的话语，那么在孩子那里就肯定得不到正面的回馈。

生活中常常出现这样的现象：妈妈反复告诫孩子，玩完玩具要收好，但孩子依然经常将玩具扔得满地都是，自己却干别的去了；爸爸要求孩子每天早上早点儿起床，和自己去晨跑，可孩子照样赖床不起；不管孩子被要求多少次回家先写作业再玩，他依然我行我素，总是放下书包就往外跑，一直玩到天黑才回来……父母说的话，在孩子这里往往被当作耳旁风，甚至如果父母说的次数过多，孩子就会当作完全没听见一样。这种现象正常吗？是什么原因导致的呢？

其实，孩子这种由于不耐烦而产生的逆反情绪在心理学中叫作"超限效应"。

　　心理学家经过研究发现：人的机体在接受某种刺激过多的时候，会出现自然的逃避倾向。这是人类出于本能的一种自我保护性的心理反应。由于这个特征，人在受到外界刺激过多、过强或作用时间过久的情况下，就会极不耐烦或产生逆反情绪，这就是所谓的"超限效应"。

　　美国著名作家马克·吐温经历过这么一件事。有一次他在教堂听牧师演讲，最初，他觉得牧师讲得很好，使人感动，就打算在演讲结束后捐款。过了10分钟，牧师还没有讲完，他有些不耐烦了，决定只捐一些零钱。又过了10分钟，牧师还没有讲完，于是他决定1分钱也不捐。等到牧师终于结束了冗长的演讲开始募捐时，马克·吐温由于气愤，不仅未捐钱，还从盘子里拿走了两枚硬币。

　　"超限效应"在家庭教育中发生作用的频率非常高，只要父母不断重复一个告诫、一个嘱咐，孩子就会产生逆反情绪，自动"过滤"那些令自己反感的话。当他们达到忍耐极限的时候，甚至会说出"我偏要这样"的话，即使他们知道这样说很不对。也许孩子的这种逆反令父母很伤心、很气愤，但父母了解"超限效应"后，就应该知道，这是孩子的正常心理反应，换了一个大人在这样的话语情境下也会有同样的反应。在这种情况下，父母要做的，不是强制孩子服从自己，必须听自己的唠叨，而是要改变自己的说话方式。

　　为避免这种现象的发生，父母在对孩子进行家庭教育时应注意"度"。如果"过度"，会产生"越限效应"；如果"不及"，又达不到教育的目的。掌握好分寸，做到"恰到好处"，才能使你的训导对孩子起到"立竿见影"的效果。

　　首先，父母要记住，不管是事前提醒，还是事后批评，都只说一次就停止。父母没完没了的说教，只会让孩子产生听觉疲劳，继而引起反感。

　　有一个12岁的女孩，最近变得十分贪玩，虽然她只是去同学家，并没有去一些混乱的公共场所，但她总是很晚才回家的行为，也非常让父母烦恼。她的母亲经常苦口婆心地劝告她，希望她能收敛一些，把心思放到学习上，可一点儿效果也没有。

有一天，这个女孩又到同学家玩了，直到夜里 12 点才想起回家。她心想：这下糟了，肯定少不了一顿臭骂。女孩小心翼翼地敲了敲门，是父亲给她开的门，女孩低下了头，做好了挨骂的准备。可是让女孩意外的是，父亲一句也没骂她，只是神情黯然地说了一句："你真的很令我失望。"然后转身走开了。

女孩愣在了原地，不知道该怎么回应。这时，父亲从厨房端出一碗热乎乎的鸡汤，对女孩说："玩到这么晚，肯定还没吃晚饭吧？这是你妈妈煲的鸡汤，快趁热喝了吧！电饭锅里还有米饭！"说完，父亲不再询问别的，也没有训斥她，而是走进了卧室。女孩心里愧疚极了，不禁流下了惭愧的眼泪。从那以后，她再也不晚归了，每天放了学就按时回家，经常在吃完晚饭后，陪父母到附近的公园散步。

虽然一句话只说一遍的分量看起来很轻，但却有着"四两拨千斤"的神奇作用。相反，一句话说了太多遍，反而会变得不值钱。

其次，唠叨孩子不能是"见缝插针"。有的父母教育孩子十分"细致"，但凡看到孩子有一点儿做得不好，就会立刻开口唠叨两句。实际上，由于孩子身心发展水平较低，认知能力、思维能力、自我控制能力等比较差，犯一些小错误是难免的。如果父母对孩子要求过于苛刻，认为孩子犯了错误就是品行或道德问题，甚至不惜用斥骂、体罚纠错，势必会造成负面效果，使孩子的心理受到创伤。

升上六年级后，彤彤明显感觉到累了很多。她盼呀盼，好不容易盼到了放寒假，可以在家好好放松一下了。可谁知，妈妈的唠叨却让她的神经一刻也不能放松。

早上，彤彤想多睡一会儿懒觉，可妈妈六点半就开始敲她的房门，让她起来背英语单词。

彤彤起床后，洗把脸就开始看书，妈妈又嫌彤彤没有好好刷牙，这样会长蛀牙。

好不容易吃过早饭，彤彤想下楼透透气，妈妈又叫住她，说上午人的精神好，应该用来写作业，下午再出去。

到了晚上，彤彤想看会儿电视，妈妈又不断地说"这个有什么好看的""那个也不怎么样啊"……

彤彤简直觉得自己的头要爆炸了。

这样琐碎的、无处不在的说教，孩子会感觉厌烦，也是很容易理解的事情。如果可以的话，父母可以换位思考一下，想象自己被别人如此唠叨的感觉，想必这种行为就会有所收敛。

需提醒父母的是，要让孩子意识到自己的错误，或者总结正确的行为规范，不必一定要通过唠叨、批评的方式，也可以让孩子自己进行反思。这样既能减少孩子对父母唠叨的反感，也能让孩子思考得更加深入一些，更好地达到规范行为的目的。

父母小贴士

演讲领域有一个"黄金 3 分钟"的说法，是说，不管你的演讲多么精彩，都应该尽量在 3 分钟之内完成，否则就可能引起听者的反感。父母不妨也用这个法则来要求自己，将给孩子讲道理的时间控制在 3 分钟之内，并且尽量减少次数，相信一定会比重复很多遍的、长时间的唠叨有效。